"十四五"时期国家重点出版物出版专项规划项目

中国能源革命与先进技术丛书

直线电机系列丛书

高端装备制造中精密直线电机电磁力分析及控制技术

王明义　李立毅　唐勇斌　著

机 械 工 业 出 版 社

在以多轴高档数控机床、极大规模集成电路和重大科学仪器为代表的高端精密制造装备中，永磁同步直线电机作为直驱式传动系统，能够实现微纳米级的运动精度。但高速、高精度等多极限性能指标成为其技术瓶颈，其中提高输出推力品质一直是该研究方向的重点难点。本书依托国家自然基金重点项目（51537002）和面上项目（52077041）、中央引导地方科技发展资金项目（YDZX20203100004943）等，总结了高端装备制造中精密直线电机电磁力分析和控制技术。全书从研究永磁同步直线电机电磁推力的产生机制出发，分析了永磁同步直线电机的磁场、端部效应、电磁力形成机制，阐述了永磁同步直线电机电流调控方法和推力波动抑制技术，实现了技术上的飞跃。

本书可供高等院校电机、电气传动专业的教师和研究生使用，也可供从事高端装备制造业研究和从业人员参考。

图书在版编目（CIP）数据

高端装备制造中精密直线电机电磁力分析及控制技术/王明义，李立毅，唐勇斌著. —北京：机械工业出版社，2022.9（2025.1 重印）
（直线电机系列丛书）
ISBN 978-7-111-71000-4

Ⅰ.①高… Ⅱ.①王…②李…③唐… Ⅲ.①直线电机-电磁力学效应 Ⅳ.①TM359.4

中国版本图书馆 CIP 数据核字（2022）第 103359 号

机械工业出版社（北京市百万庄大街 22 号　邮政编码 100037）
策划编辑：李小平　　　　责任编辑：李小平
责任校对：张　征　王明欣　封面设计：鞠　杨
责任印制：郜　敏
北京富资园科技发展有限公司印刷
2025 年 1 月第 1 版第 4 次印刷
184mm×260mm · 9 印张 · 204 千字
标准书号：ISBN 978-7-111-71000-4
定价：69.00 元

电话服务　　　　　　　　　网络服务
客服电话：010-88361066　机　工　官　网：www.cmpbook.com
　　　　　010-88379833　机　工　官　博：weibo.com/cmp1952
　　　　　010-68326294　金　　书　　网：www.golden-book.com
封底无防伪标均为盗版　　机工教育服务网：www.cmpedu.com

前言
Preface

随着科技进步，精密加工、集成电路（Integrated Circuit，IC）制造、生物检测、物质表面微纳检测等领域的需求促进了制造业的迅猛发展。在2015年国务院公布的《中国制造2025》中指出，打造具有国际竞争力的制造业，是推动我国工业化和现代化进程的根本。精密制造加工装备及其技术水平一直是衡量一个国家工业化进程的关键指标。在光刻机、高档数控机床、工业机器人和共聚焦显微镜等设备中，均需要精密或超精密的中间传动机构作为技术支撑，实现微纳米级的运动精度。现在对运动系统的精度要求越来越高，例如在精密制造业中应用的高档数控机床，加工精度已经由微米级发展到纳米级；在光刻设备中，早已经成功研制出具有几纳米重复定位精度的直线运动伺服系统。在极大规模集成电路制造设备中，光刻机的工作台主要由掩模台和工件台组成，精密直线电机系统作为掩模台和工件台的执行机构，对其是否能实现这些极限性能指标起着决定性作用。高集成度的刻蚀芯片要求工作台具有纳米级运动控制精度，同时光刻机的产片率要求工作台具有高速及高加速度的特点；此外，工作台在步进、同步扫描运动过程中，还要提供调焦、调平及曝光等精确对准运动，要求工作台具有六自由度的位置、速度伺服控制功能。因此传统的旋转电机+滚珠丝杠传动机构已经不能满足设备需求，而以直线电机作为驱动源的直驱式传动系统，具有结构简单、刚度高、动态响应能力强、精度高和无间隙传动等优点，在精密运动领域应用广泛。

目前，我国直线电机方向的研究广度、产品种类和应用领域都处于国际先进地位，在国家创新驱动发展、可再生能源利用、军工装备优先发展等战略政策的引领下，取得了一系列标志性成果。但在以多轴高档数控机床、极大规模集成电路和重大科学仪器为代表的精密制造装备中，高速、高精度等多极限性能指标成为直线电机领域新的技术瓶颈。永磁同步直线电机由于具有高效率、高推力密度和高动态响应等优点，非常适合应用于高端制造装备中。

在永磁同步直线电机的研究中，高性能的输出推力一直是该方向的重点难点。本书依托国家自然基金重点项目（51537002）和面上项目（52077041）、中央引导地方科技发展资金项目（YDZX20203100004943）等，总结了高端装备制造中精密直线电机电磁力分析和控制技术。首先，我们要明确电磁推力的产生机制。由于直线电机初级铁心纵向开断，存在特有的纵向端部效应；同时受齿槽效应、横向端部效应和外悬效应等因素的影响，气隙磁场发生了很大的畸变；受现有加工制造、安装精度及人为等因素的限制，永磁同步直线电机三维空间磁场分布存在非对称性，产生了寄生力或力矩，使电机系统产生振动和噪声。故研究中需要针对以上问题开展计及齿槽效应、端部效应和外悬效应的永磁同步直线电机磁场精确解析、三维电磁力分析以及性能参数分析与优化设计的研究。

其次作为连接运动控制单元与电机本体间的中枢环节，电流环通过调节电机电流将运动控制指令转换成电机实际推力，所以高性能的电流控制环节是获得精密直线电机系统极限性能指标的关键因素。

另外针对精密直线电机的推力波动问题，需要在电流闭环控制中对其进行有效补偿；永磁同步直线电机的端部磁链断裂会带来端部扰动力，而端部力与齿槽力共同作用形成的定位力成为直线电机推力波动的主要成分，这种电机自身结构和工作模式的特殊性将会影响精密运动系统的极限性能指标。因此，针对推力波动给精密永磁同步直线电机系统带来的问题，不仅要在电机本体结构优化方面开展研究，直接减小电机输出推力波动，还需要针对推力波动自身的特点，通过精密驱动控制方法，在电流闭环系统中补偿推力波动对应的电流成分，抑制其对速度平稳性的影响。

本书正是围绕永磁同步直线电机推力特性分析及其控制技术进行论述，共分为 6 章：第 1 章为绪论，介绍永磁同步直线电机特点以及电磁力、电流控制技术和推力波动抑制技术的研究现状；第 2 章分析永磁同步直线电机拓扑结构以及精确磁场分析方法；第 3 章对永磁同步直线电机纵向端部效应、横向端部效应和外悬效应的产生机理进行分析；第 4 章着重阐述永磁同步直线电机电磁力的解析过程，并推导出三维电磁力解析表达式；第 5 章针对永磁同步直线电机的预测电流控制理论进行阐述，详细分析了预测控制中的时延和参数摄动问题，并介绍了提高预测电流控制参数鲁棒性的研究方法；第 6 章对永磁同步直线电机推力波动的组成成分进行了分析，并给出了几种典型的推力波动抑制技术。

本书是作者以及所在团队多年在精密直线电机系统研究基础上总结的一部学术著作，是作者所在研究团队主持承担多个国家级基金项目、国家重大项目的成果积累。感谢团队杨瑞博士、谭强博士，以及博士研究生李俊驰、孙钦伟、康凯、叶佳兴所做的修改和校核工作。

由于作者水平有限，书中难免存在疏漏或不妥之处，欢迎广大同行和读者批评指正。

作者

2022 年 5 月

目录

Contents

Chapter 1

第1章 绪论

制造业是国之重器、经济发展的基石，然而与世界先进水平相比，我国制造业仍然大而不强，尤其是高端制造业落后，如光刻机和高端数控机床等核心设备领域。为了攻克“卡脖子”关键技术，2015年国务院出台《中国制造2025》行动纲领，并宣布实施制造强国战略，其中明确阐明要加快发展智能制造装备和产品，主要包括研发高档数控机床、工业机器人、生产制造装备等智能制造装备以及智能化生产线，突破新型传感器、工业控制系统、伺服电机及驱动器和减速器等智能核心装置[1]。鉴于此，国务院《国家中长期科学和技术发展规划纲要(2006—2020)》在确立的16个科技重大专项中安排“极大规模集成电路制造技术及成套工艺”专项（02专项）和“高档数控机床与基础制造装备”专项（04专项）来解决大规模集成电路等产品核心制造技术[2]。02专项明确基于精密直线电机系统的工件台技术是极大规模集成电路制造装备——光刻机系统的四大核心关键技术之一，对工件台中直线电机系统提出了高速度、高加速度和高精度的严苛性能指标要求，如要求最大速度为2m/s、位置精度为5nm、加速度为60m/s^2。04专项分年度设置了伺服电机、力矩电机、精密直线电机、高速主轴电机以及电机系统测试平台等研发任务，目的也是解决在高档数控机床及相关制造装备中电机系统关键技术瓶颈问题，该专项要求直线电机运动系统位置控制精度达到微米量级。另外，国家重大科研仪器设备研制专项和国家重大科学仪器设备开发专项也对精密直线电机系统提出了高定位精度的需求，如要求原子力显微镜（Atomic Force Microscope，AFM）中直线电机系统的定位精度高达0.1nm。直线电机在光刻机、高端数控机床及AFM中的应用举例如图1-1所示。

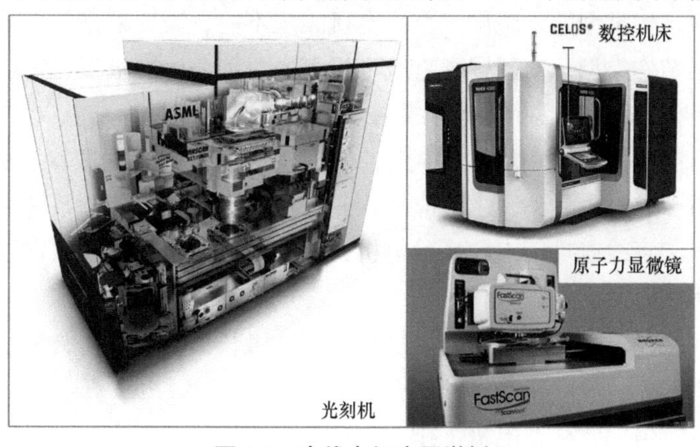

图1-1 直线电机应用举例

因此，国家相关科技专项和科学基金等对精密直线电机系统提出了迫切需求，开展精密直线电机系统基础理论及关键技术的研究，是形成自主知识产权、打破他国技术封锁的有效途径，具有满足国家重大需求的重大意义。

1.1 永磁同步直线电机特点

在高端制造装备中应用的精密直线电机中，永磁同步直线电机（Permanent Magnet Synchronous Linear Motor，PMSLM）是最具代表性的。永磁同步直线电机是由对应的永磁旋转同步电机演变而来[3,4]，具体过程如图 1-2 所示，将永磁旋转同步电机沿径向切开然后沿周向展开拉平，即可演变为永磁直线同步电机。对于永磁旋转同步电机，通常电枢侧被称之为定子，永磁侧被称之为转子。而在 PMSLM 中，通常电枢侧被称之为初级，永磁侧被称之为次级。根据运动部件的不同，又可以分别称之为动子和定子，既可以将初级（电枢侧），也可以将次级（永磁侧）用作动子，相应地另一侧用作定子。当 PMSLM 三相绕组施加对称的正弦波电流激励时，气隙中产生行波磁场，沿水平方向移动。电枢绕组产生的行波磁场与永磁体励磁产生的磁场相互作用，导致电机产生水平方向的推力。

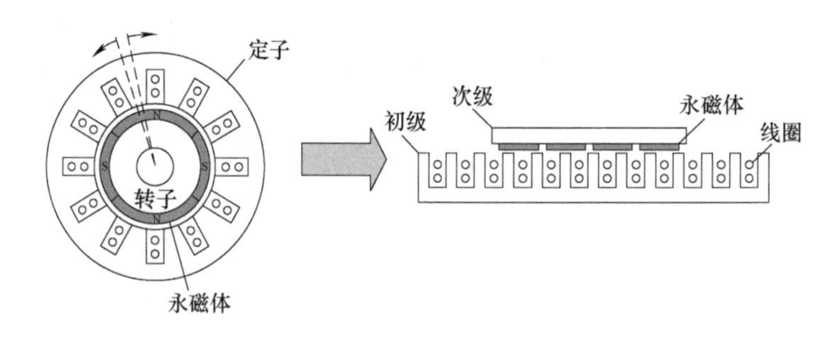

图 1-2 旋转电机与直线电机示意图

1.1.1 永磁同步直线电机的类型

相较于永磁同步旋转电机，PMSLM 结构具有多样性。在工作特性、体积、成本、安装结构等方面，不同结构类型的永磁同步直线电机表现不一，需要根据使用要求和应用场合进行灵活选择。根据结构类型，永磁同步直线电机可主要划分为平板型、圆筒型、圆弧型和平面型等，如图 1-3 所示。平板型 PMSLM 需要直线导轨进行支撑，初、次级装配相对简单。圆筒型 PMSLM 绕组利用率高，推力密度大，但加工装配工艺相对复杂，并且行程受限制。平面电机可以提供多维直线运动，主要应用在光刻机、智能物流传输系统中。圆弧型电机是一种兼顾旋转电机和直线电机特点的特种电机，主要根据使用场景特殊定制，例如天文台望远镜、翼闸门、机械臂等设备。

按照初级、次级相对长度不同，可以划分为短初级长次级和长初级短次级永磁同步直线电机两类，如图 1-4 所示。相对于短初级长次级电机，长初级短次级电机推力波动小，次级用作动子，质量轻，但同时存在电机工作效率低、长行程运动需要对绕组进行分段控制等问题，目前仅小范围应用于电磁弹射等领域。为了满足长行程运动，长初级直线电机可以进行分段设计。按照磁路的连续性可以分为不连续定子型分段直线电机和连续定子型分段直线电机，其结构如图 1-5 所示。不连续定子型可以减少绕组的铺设长度并降低成本，但由于初级铁心的开断，会产生较大的推力波动。

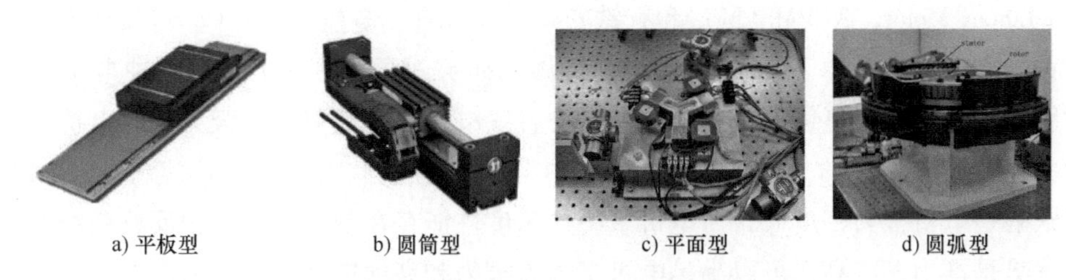

a) 平板型　b) 圆筒型　c) 平面型　d) 圆弧型

图 1-3　永磁同步直线电机结构类型

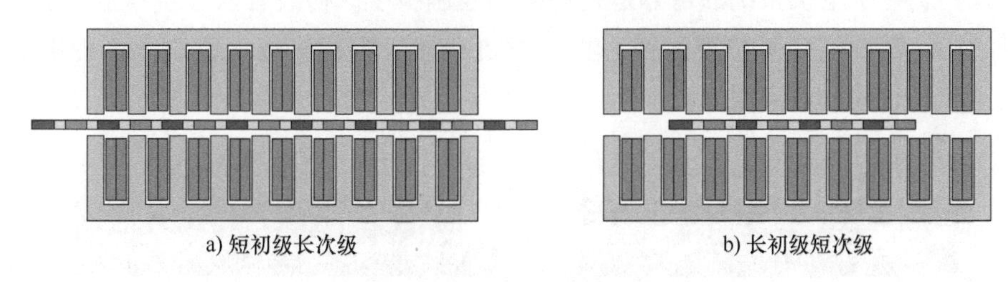

a) 短初级长次级　b) 长初级短次级

图 1-4　短初级长次级和长初级短次级直线电机

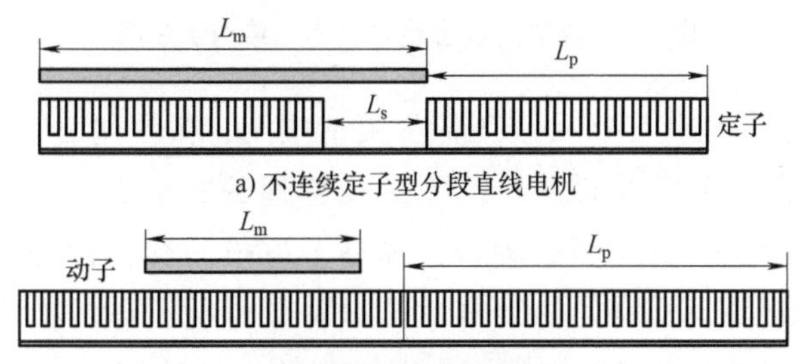

a) 不连续定子型分段直线电机

b) 连续定子型分段直线电机

图 1-5　分段直线电机

扁平型的直线电机还可以按照定子的安装位置分为单边型直线电机和双边型直线电机，如图 1-6 所示。单边型的直线电机由于存在单边磁拉力，会产生较大的法向力，而法向力会增大动子与导轨之间的摩擦力，造成能量损失和动态性能的降低。而双边型的直线电机有对称式的定子，可以消除单边的法向力，使电机的运行更可靠，但缺点是结构复杂。

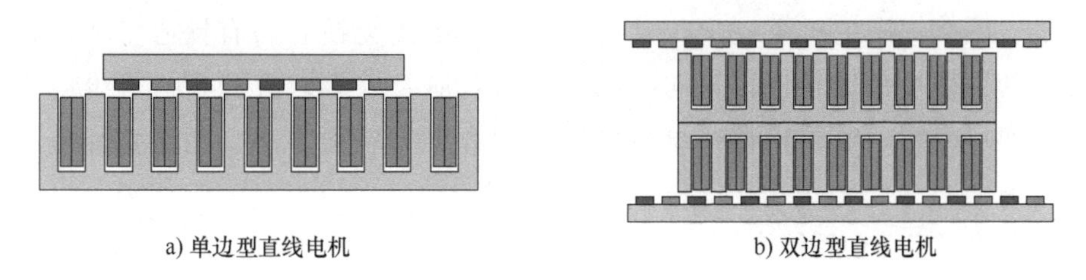

a) 单边型直线电机　b) 双边型直线电机

图 1-6　扁平型直线电机

1.1.2 初级无/有铁心永磁同步直线电机

根据电机初级铁心结构不同，又可以划分为初级无铁心和初级有铁心两类。本书以精密运动平台中常用的具有代表性的无铁心永磁同步直线电机（Air Core Permanent Magnet Synchronous Linear Motor，ACPMSLM）和有铁心永磁同步直线电机（Iron Core Permanent Magnet Synchronous Linear Motor，ICPMSLM）作为具体的研究对象，图 1-7 为这两种电机的初级结构示意图。初级无铁心直线电机和初级有铁心直线电机各有优势：初级无铁心电机优势是无定位力并且推力波动极小，有助于电机系统在空载或轻载状态下实现高定位精度的应用需求；其缺陷是电机推力密度低，对电机系统加速度性能存在制约。与之相反，初级有铁心直线电机优势是推力密度高，可以满足电机系统大推力和高加速度的应用需求；其缺陷是电机推力波动大，恶化了电机系统的可靠运行性能和控制精度。初级有铁心直线电机还可以采用初级无槽结构，其性能介于初级无铁心直线电机和初级有槽直线电机之间，能够满足高精度、高响应和轻负载的应用需求。

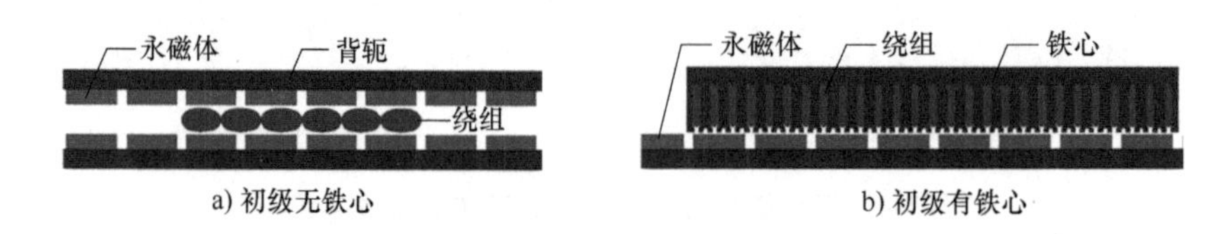

图 1-7 永磁同步直线电机初级结构示意图

为了便于直线电机规模化生产和在工业界灵活应用，模块化直线电机近年来成为研究热点。模块化电机是在不考虑漏磁的情况下实现磁通的完全隔离，在模块之间引入气隙间隙或隔磁屏障，阻断了模块之间的耦合，提高了电机的容错性能。直线电机存在的端部效应，会产生推力波动，模块化的结构也可以降低电机整体的推力波动。模块化电机可以分为初级模块化直线电机和次级模块化直线电机，如图 1-8 所示。次级模块化的优点是结构简单，但是安装的灵活度较低，电机的推力系数也会降低。初级模块化可以根据绕组排布的不同，设计出不同结构的模块，自由度高，而且磁场可以调控，可以实现电机的精密控制。

在精密运动平台的研究背景下，永磁同步直线电机选型是关键的技术难题之一。ACPMSLM 和 ICPMSLM 各有优势，目前针对上述两种类型电机应用特点、性能参数的对比研究多为定性分析，没有系统的定量的对比评估。本书以光刻机的双工件台系统为具体应用背景，围绕提高电机系统定位精度，提出并解决无铁心与有铁心直线电机共性的科学问题，如：磁场精确解析，纵向、横向端部效应及外悬效应分析，三维电磁力研究等；同时，通过介绍永磁同步直线电机电流控制和推力补偿方法，阐述直线电机推力控制技术。

以光刻机的双工件台系统为例，永磁同步直线电机的工作节拍主要分为步进段、扫描曝光段和换台段等，其中步进与扫描段可分为加速时间段、匀速时间段和减速时间段，而换台

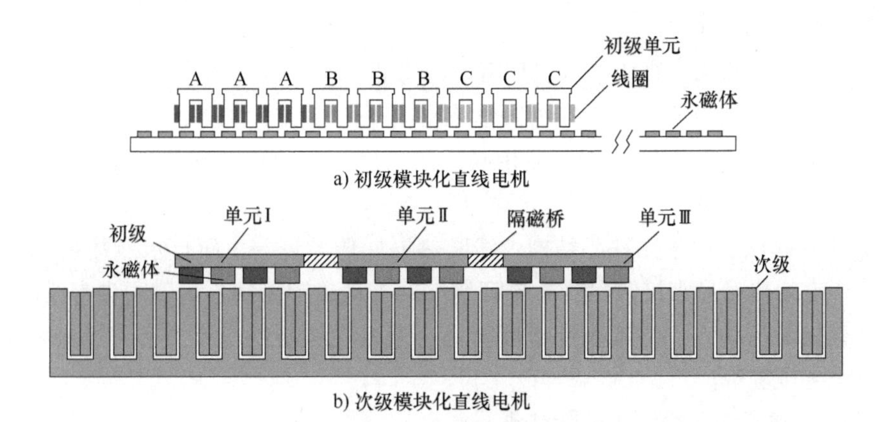

图1-8 模块化电机

段仅为加速、减速时间段。在匀速时间段，永磁同步直线电机工作在空载或轻载状态，要求三维电磁力波动尽可能小，以实现速度均匀性和高定位精度，此时对电机的输出推力无要求。在加速和减速时间段，永磁同步直线电机工作在高过载状态，要求电机峰值推力足够大，以实现更大的加速度提高生产效率，此时对电机的定位精度要求较低。综上，对于大多数的精密运动平台用永磁同步直线电机，要求高峰值推力和低电磁力波动并非在同一时间段；在高过载状态，要求峰值推力和电机常数足够大，在空载或轻载状态，要求三维电磁力波动足够小。

因此，对于无铁心永磁同步直线电机，无定位力并且推力波动极小，容易满足在空载或轻载状态下高定位精度要求，其关键难题是实现电机兼具高推力密度、高电机常数和低推力波动等性能。对于有铁心永磁同步直线电机，推力密度和电机常数相对较大，容易满足在高过载状态下高加速度要求，但是由于存在定位力和空载法向力波动，难以满足在空载或轻载状态下高定位精度要求，故其关键问题是抑制三维电磁力波动，特别是降低定位力波动，同时维持较高的推力密度。

1. 无铁心永磁同步直线电机的优缺点

在分析精密运动平台用无铁心和有铁心永磁同步直线电机工作特性的基础上，开展两种类型永磁同步直线电机特点的对比研究。与有铁心永磁同步直线电机相比，无铁心的优势在于：

（1）无齿槽效应、无定位力。推力波动极小，可以确保电机运行最佳平稳度，定位精度很容易达到微米级，若采用长初级短次级的结构形式，消除线缆扰动力，定位精度可达到亚微米级。

（2）无单边磁拉力。平衡的双磁轨，增加直线导轨的使用寿命，安全、便于操作，并且电机动子安装精度较高。

（3）高动态性能。由于取消了中间机械传动和转换环节，直接驱动的动电枢型无铁心直线电机动子质量很轻，在空载或轻载工况下一般可达到超过10g的加速度，而且机械带宽很高。

（4）振动噪声相对很小。

但是，无铁心永磁同步直线电机也存有一些劣势：

（1）与有铁心直线电机相比，在相同电流密度下，输出推力较小，推力体积密度较低。

（2）由于采用双边永磁体结构，在相同次级长度下，使用的磁体数量几乎是有铁心直线电机的两倍，成本更高。

（3）散热效率低。由于无铁心结构，线圈热损耗传导较差，而且水冷却系统实现困难，电机铜损耗产生的热量易直接散发到外界环境。对于动磁钢无铁心永磁同步直线电机，由于动子部件没有线缆扰动力，位置控制精度更高，但是长初级的电枢绕组产生热损耗显著增大，冷却结构更难实现。

2. 有铁心永磁同步直线电机的优缺点

同无铁心永磁同步直线电机比较，有铁心电机优势主要有：

（1）电磁推力大，由于使用铁心聚磁和导磁，物理气隙小，气隙磁通密度高，推力密度和电机常数都相对较大。

（2）初级和次级之间存在法向力。法向吸引力一般相当于电机所产生的电磁推力的5~13倍，在精密气浮定位系统中，法向力预加载方法能有效地利用法向吸引力，足够大的法向吸引力相当于负气压提供吸力，与气源提供正气压所产生的浮力相互平衡，实现电机动子的气浮支撑和导向，这样能减少一个气浮工作面。

（3）散热性能好、易冷却。铁心和电枢绕组接触表面积很大，电机铜损耗很容易传导到铁心背轭，通过铁心背轭的冷却结构中冷却水带走，水冷却效果良好，并且容易实现。

（4）由于采用单面永磁体结构，制造成本相对低。

但是，有铁心永磁同步直线电机也存在缺陷：

（1）铁心开齿槽和初级铁心开端的结构，在空载状态下，产生定位力和空载法向力波动；在负载状态下，产生三维电磁力波动，直接影响电机系统的速度和位置控制精度，同时产生振动和噪声。

（2）存在法向磁拉力，增加了电机的装配难度。

（3）铁心齿部、轭部存在磁饱和问题。

（4）动电枢型的电机动子部件包含初级铁心、线圈和水冷却结构等，质量相对很大，其动态响应能力比无铁心永磁同步直线电机差。

综上所述，无铁心和有铁心永磁同步直线电机各有利弊，需要根据实际的应用背景、系统输入指标约束、电机制造成本等因素综合考虑选择无铁心或有铁心、动电枢型或动磁钢型的永磁同步直线电机。

1.2 永磁同步直线电机研究现状

1.2.1 国外研究现状

目前高端永磁同步直线电机市场基本由欧洲、美国、日本、新加坡等地区和国家的公司所垄断，其中知名的公司有：欧洲的 Tecnotion、Siemens（西门子），Rexroth（力士乐）、Thomson（汤姆森）、ETEL、Bosch（博世）、IDAM；美国的 Parker（派克）、AMS、Kollmorgen（科尔摩根）、Aerotech、K2W；日本的 Sodick（沙迪克）、Mitsubishi（三菱）；新加坡的Akribis（雅科贝思）。

Tecnotion 公司总部位于荷兰，公司发展于飞利浦集团，专门从事直线电机和转矩电机的研发和生产，为全球知名半导体设备供应商 ASML（阿斯麦）提供超精密直线电机系统。该公司有铁心与无铁心直线电机均有相应的产品，主打 T 系列初级有铁心系列（见图 1-9）和 U 系列初级无铁心 PMSLM，其中有铁心直线电机主要分为 TBW、TB、TL 以及 TM 系列；无铁心直线电机（见图 1-10）主要分为 UXX/UXA、UL、UM、UF 以及 UC 系列，有/无铁心各系列电机的极限推力以及峰值推力见表 1-1 和表 1-2。

图 1-9 Tecnotion 有铁心直线电机

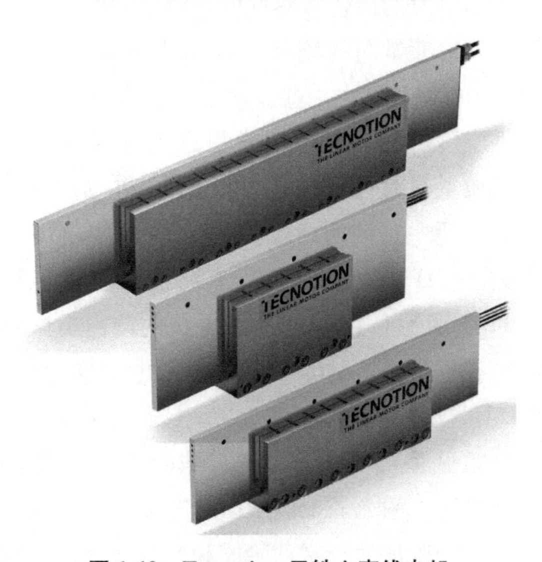

图 1-10 Tecnotion 无铁心直线电机

表 1-1 Tecnotion 有铁心直线电机推力范围

	TBW	TB	TL	TM
极限推力/N	2700～6750	1800～4500	450～3600	120～720
连续推力/N	1140～2850	760～1900	200～1600	60～360

表 1-2　Tecnotion 无铁心直线电机推力范围

	UXX/UXA	UL	UM	UF	UC
极限推力/N	615~4200	240~1200	100~400	42.5~85	36~72
连续推力/N	120~846	70~350	29~116	19.5~39	10~20

Tecnotion 的电机型号基本涵盖了各领域的应用，比如 TB 系列电机是一种大功率重负荷设备，集成了高加速度、高速度和亚微米定位精度、能耗低以及推力密度极高等优点，这种电机特别适用于负荷高、工作周期长的应用。TBW 系列是 TB 系列电机的水冷升级版，该系列电机配有一个完全内置、高效率的冷却系统，使其产生的连续推力比标准版更高，并且在保持其亚微米定位精度的同时又能承受极高的加速度。由于该电机的热量不会传导到机器结构上，因此特别适用于热管理困难的应用场合。TL 系列的特点是其线圈和磁轨之间的吸引力极低，其突出性能是尺寸小、加速度高、高速和高精度。TL 系列也有加长版，因此使得 TL 系列应用广泛，几乎适用于任何应用场合，包括像大幅面数码打印机这种行程长的设备。TM 系列在不需要高推力的场合应用广泛，性能可靠而且工作效率高。

Tecnotion 无铁心直线电机均采用 U 型结构设计，在所有的系列中，UXX 系列的精度以及推力指标是最高的，UXA 系列是在 UXX 系列基础上开发的一种经济型版本，虽然性能略有下降，但是尺寸更小、价格更低。高端 UL 系列无铁心直线电机由于其速度高、定位精度高、零齿槽力和零法向吸力，被成功应用于整个半导体行业。中号 UM 系列无铁心直线电机拥有极高的速度和由独有技术研发的出色散热性能，该系列电机为无铁心设计，这使得紧凑的 UM 系列尤其适和应用在高精准量测的场合。UF 系列电机专为小体积、高连续推力需求而设计开发的，其体积仅比 UC 系列稍大一些，该系列电机特别适用于医药和半导体领域抓取和放置系统等高频周期性应用场合。UC 系列电机是 Tecnotion 最小的标准电机产品，该电机应用广泛、结构紧凑，其质量只有几克，但却能提供 10N 或 20N 的连续推力。由于非常小的质量，它可以适用于 Z 轴垂直运动的场合。

德国 Siemens 公司研发的 L-1FN3 系列产品具有高推力密度、高能效、高控制精度以及高动态性能的优点，图 1-11 所示为 L-1FN3 型直线电机的结构爆炸图。其中采用特殊水冷结构设计的 1FN3 电机，最高运行速度达 836m/min，最大电磁推力达 20700N，过载系数高达 2.75，水冷式 SIMOTICS L-1FN3 系列直线电机专为机床使用而开发。1FN3 直线电机主要包括重载型以及长载型两种：重载型电机质量小且过载能力强，该电机特别适合用作加速驱动，适合应用于高动态柔性机床、激光加工以及搬运等场合；长载型电机质量小且持续负载能力强，这种电机适用于具有持续加速及制动阶段和始终生效的负载（例如重力或过程力）循环，同时长载型电机的推力波动小，适合应用于高精密场合，例如振荡运动（非圆加工）、高过程力应用（磨削、车削等）、搬运机等。

日本 Sodick 公司主打数控机床用 PMSLM，并于 1998 年率先将直线电机运用到了量产型工作机床中，目前在母公司研发的加工中心、电火花成形加工机、线切割放电加工机中普遍应用，通过直线电机以及结合高性能的驱动控制，极大提升了超精密加工精度。公司首创蛇

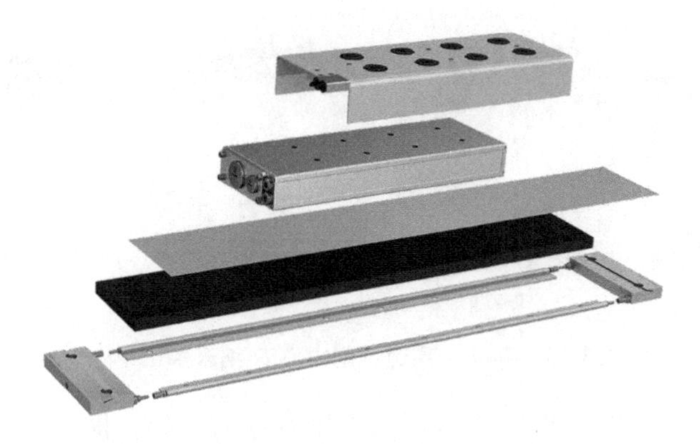

图 1-11 Siemens 公司 L-1FN3 型直线电机

形冷却结构，将水冷管道与电枢绕组紧密贴合，大幅提高散热能力。生产有铁心和无铁心PMSLM，有铁心电机包含小型（CMV/F）、中型（CEM）、大型（CEL）、宽幅（CEW）以及特宽幅（CEW2）5种系列，该公司有铁心系列直线电机的推力范围见表1-3。

表 1-3 Sodick 有铁心系列直线电机的推力范围

	CMV/F	CEM	CEL	CEW	CEW2
推力范围/N	190~1200	800~1600	1600~6400	4800~7200	6400~9600

Sodick 无铁心直线电机主要分成大型（CG）、中型（CB）以及小型（CA，又分为CA V/F和CA u两种）三种，无铁心系列推力范围见表1-4。

表 1-4 Sodick 无铁心系列直线电机的推力范围

	CA	CB	CG
推力范围/N	144~576	1200~2133	3600~4800

Sodick 利用自己设计的直线电机以及高性能的伺服驱动器生产的电火花放电加工机以及高速铣削中心和纳米加工中心如图1-12与图1-13所示。

AP1L

AP3L

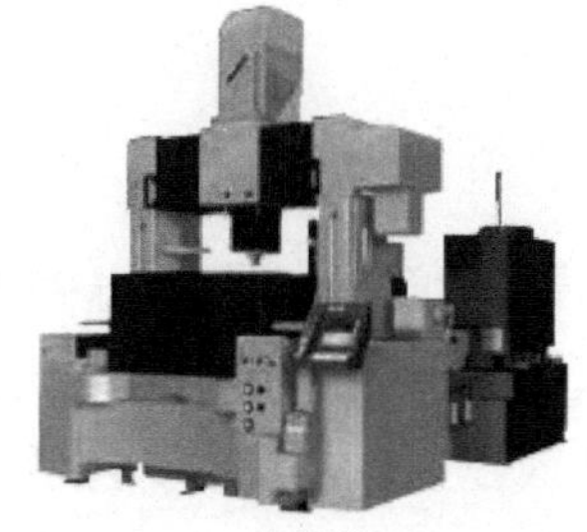

AQ15L

图 1-12 Sodick 电火花放电加工机

新加坡 Akribis 公司设计生产用于制造、检测和测试的直驱电机、平台和精密系统方案。Akribis 为半导体制造业、太阳能电池、PCB、平板显示器、硬盘、LED、机床、汽车电子、

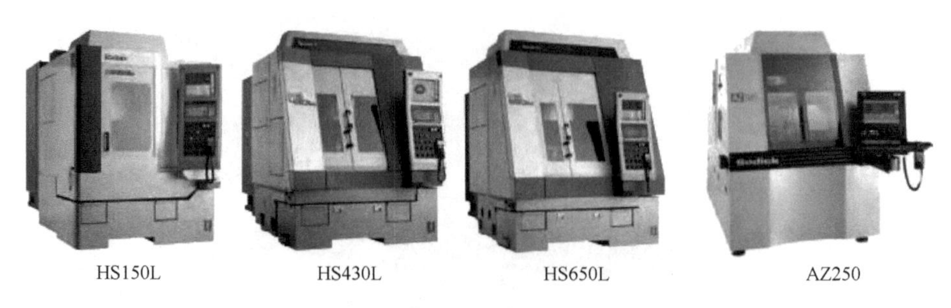

图 1-13　Sodick 高速铣削中心 & 纳米加工中心

包装、印刷、光学和生物医疗等广泛的领域提供专业的支持。推出了 ACR、ACM、AUM、AKM、ATM、AHM、AWM、AQM、AJM 等多系列 PMSLM，其无/有铁心系列如图 1-14 与图 1-15 所示，这些系列的直线电机推力等级 3~16000N，动子长度 5~700mm，有自然冷却、水冷和气冷三种散热方式，可满足多种场景应用需求，具有高速、高加速度、匀速、高稳定性、洁净、运行时低噪声、免维护等特点。

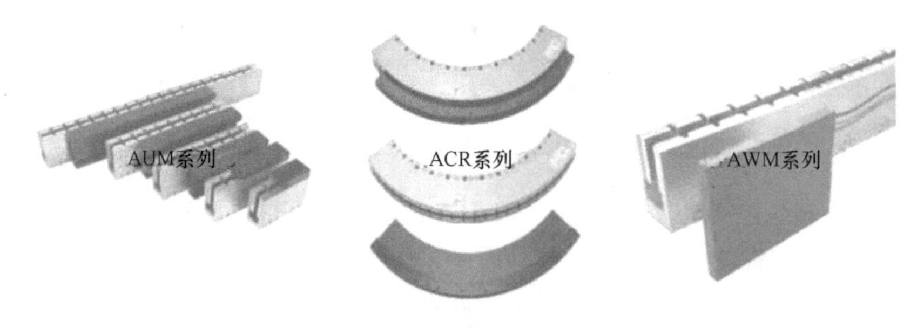

图 1-14　Akribis 无铁心系列直线电机

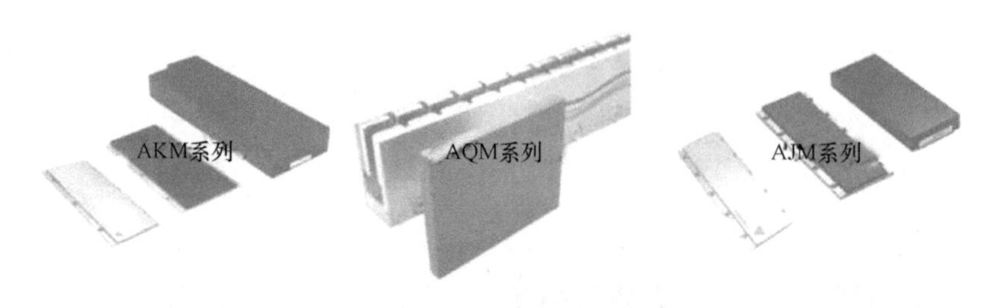

图 1-15　Akribis 有铁心系列直线电机

美国科尔摩根公司是全球领先的运动控制系统和配件供应商，其生产的直线电机品类繁多，直线电机的应用领域主要包括机床、半导体、激光切割、纺织等各种工业场合，生产的有铁心直线电机主要包括有冷却型与无冷却型 IC 系列，推力范围为 141~25000N；无铁心直线电机主要是 IL 系列的直线电机，推力范围为 10~1600N，科尔摩根公司用于金属切割的无框直驱直线电机如图 1-16 所示，图 1-17 则为结合科尔摩根直线电机的大幅面金属切割机。

美国 Aerotech 公司成立于 1970 年，主要专注于高精度直线电机的研发制造，是为用户设计和制造最高性能的运动控制和定位系统的公司，生产的直线电机产品广泛使用于医疗设备、汽车、激光处理、军事、航空航天等各个领域，主要有 BLM、BLMSC、BLMX、BLMF 等系列，这些系列的直线电机均具有非常高的定位精度，根据使用场合的特点，具体的使用场景可以进一步细分，图 1-18 所示为 Aerotech 公司研发的高精度定位直线电机平台。

图 1-16　科尔摩根用于金属切割的直线电机

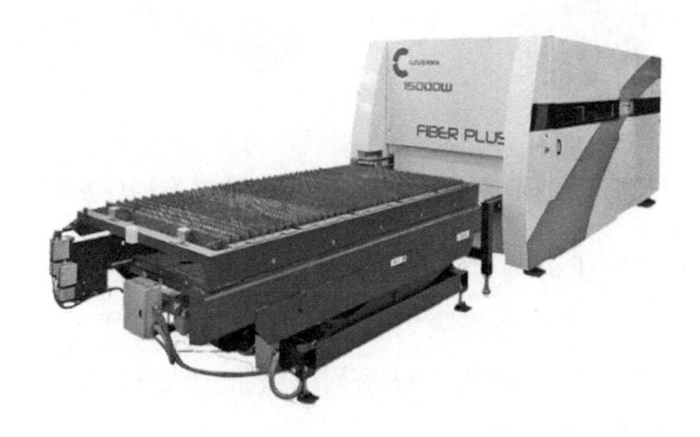

图 1-17　结合科尔摩根直线电机的大幅面金属切割机

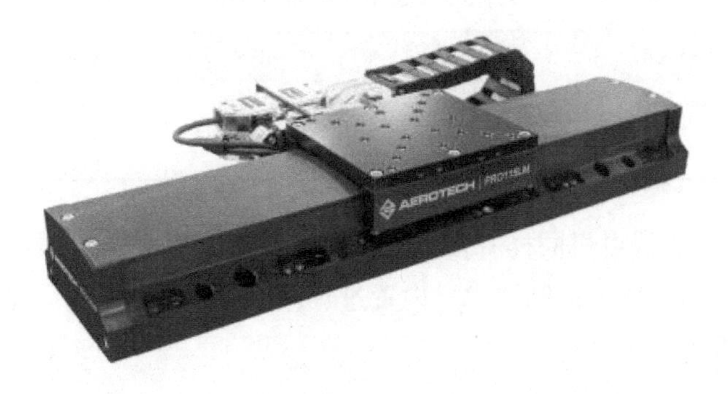

图 1-18　Aerotech 高精度定位直线电机平台

1.2.2　国内研究现状

目前国内直线电机的市场规模越来越大，近五年的平均增长率达 30%以上。在国内，除了哈尔滨工业大学、浙江大学、华中科技大学、南京航空航天大学、中科院电工所等高校和科研院所，越来越多的企业也正进军直线电机产业，如中国台湾上银科技股份有限公司、深圳大族电机科技有限公司、苏州泰科贝尔直驱电机有限公司、北京华卓精科科技股份有限公司、珠海格力电器股份有限公司、广州昊志机电股份有限公司等。与国外相比，国内直线电机系列产品的关键性能指标还存在一定差距，其售价仅为同规格进口直线电机系统的1/5~1/2。

深圳大族电机主要产品有U型直线电机、平板直线电机、LSMP管型同步直线电机、异步感应直线电机、力矩电机、有框架力矩电机、无框架力矩电机、直线电机平台、伺服电机平台等，广泛应用于半导体行业、精密机床等高速高精领域。公司直线电机主打产品是LSMU无铁心系列和LSMF有铁心系列（见图1-19）。

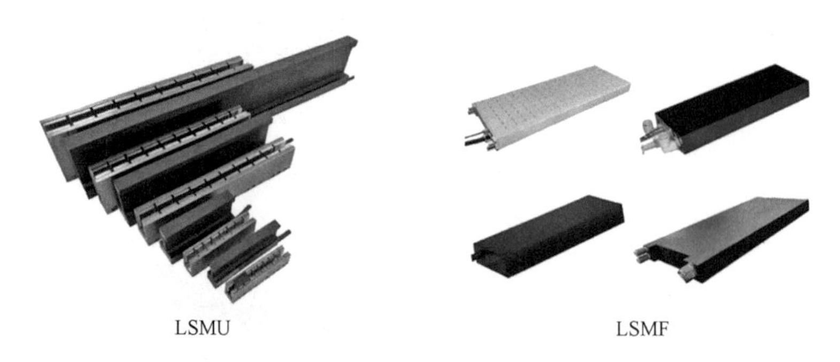

LSMU　　LSMF

图1-19　LSMU无铁心系列直线电机以及LSMF有铁心系列直线电机

LSMU无铁心系列直线电机分为多个系列，它的特点是采用U型结构设计，无铁心线圈初级、推力平滑，同时无纹波力和电磁吸力，小惯量、大加速度，同时该系列产品均采用自然冷却的方式。相比同体积的U型电机，该系列电机推力大30%，表1-5是大族无铁心直线电机各系列的推力范围对比。

表1-5　大族无铁心直线电机各系列的推力范围对比

	LSMU4	LSMU5	LSMU6	LSMU7	LSMUC
极限推力/N	144~864	317~1872	660~5301	36~288	11.9~59.5
连续推力/N	36~216	56~336	110~884	7.2~57.5	3~15

LSMF有铁心系列直线电机同样有多个产品系列，它采用平板型结构设计，推力大、加速性能优异，同时采用齿槽力抑制技术，内置过热保护等模块化设计。表1-6是大族有铁心直线电机各系列的推力范围对比。

表1-6　大族有铁心直线电机各系列的推力范围对比

	LSMF1	LSMF2	LSMF5-50	LSMF5-100	LSMF5-125
极限推力/N	230~900	1000~2000	220~441	594~1177	740~1472
连续推力/N	115~453	500~1000	48~96	130~257	162~322

北京华卓精科科技股份有限公司是国内具有自主研发并实现直线电机光刻机双工件台商

业化生产的企业，是国产高端光刻机龙头企业上海微电子装备（集团）股份有限公司的双工件台产品及技术开发的供应商。华卓精科的双工件台运用磁悬浮电机方案，可以利用磁悬浮电机驱动超精密的乘片台，最高能实现纳米级别分辨率的套刻精度。公司主打产品主要分为单轴系列、多轴线轨系列、多轴气浮系列、大尺面气浮系列等超精密运动产品。

华卓精科单轴系列（见图 1-20）中的 MSLA 紧凑型系列主要面向紧凑空间中的高精度定位、检测场合，高度仅为 40mm，它的行程范围是 25~200mm，峰值推力可以达到 100N，连续推力可以达到 29N，重复定位精度可以达到 0.1μm。MSLB 高性价比系列主要面向宽泛的市场需求，在保证高精度的情况下节约了成本，它的行程范围可达 100~500mm，峰值推力达到 480N，连续推力达到 140N，重复定位精度在 1μm 以内。MSLC 高线度/高精度系列主要面向长行程、大尺寸工件加工，并且需要高精度的场合，它的重复定位精度优于 0.5μm，直线度/平面度优于 5μm，行程范围达到了 500~1000mm，峰值推力为 480N，连续推力为 140N。

MSLA MSLB MSLC

图 1-20 华卓精科单轴系列电机

华卓精科多轴线轨系列（见图 1-21）分为双 Z 轴六轴线高精密运动台、四轴线轨高精密运动台、中空双轴线轨高精密运动台、三轴线轨高精密运动台等。工作台采用十字叠层线轨结构形式，满足高速、高加速、高精度的产品定制需求，同时可以达到亚微米级的重复定位精度。单轴直线度可以达到 1.5μm，最大速度可以达到 1000mm/s，最大加速度可达 1g，适合用于 OLED 加工、CCD 成像、晶圆检测等高端制造行业。

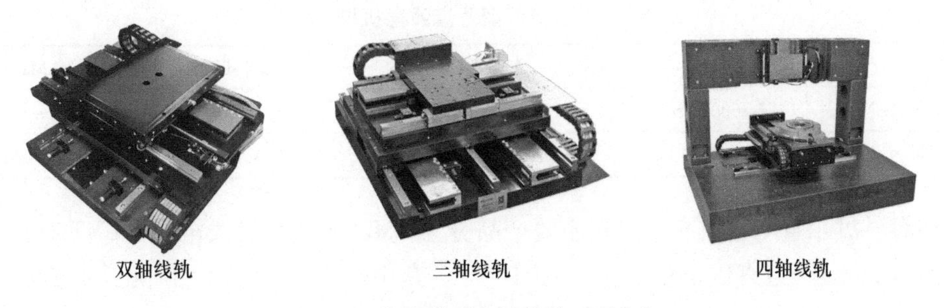
双轴线轨 三轴线轨 四轴线轨

图 1-21 华卓精科多轴线轨系列电机

华卓精科多轴气浮系列（见图 1-22）中的五轴超精密气浮运动台，满足高速、高加速、高精度等需求，直驱电机可以实现 360°旋转，可以达到亚微米级重复定位精度，最大速度 1000mm/s，最大加速度可达 4g，单轴直线度可以达到 0.3μm，运动平面度可达 0.3μm。

广州昊志机电股份有限公司的直线电机产品主要包括 DLMF 系列（见图 1-23）。它的特点是高效率，快移速度相比旋转伺服电机提升一倍以上；同时采用专利化冷却结构设计以及

IP65 高防护等级，适应恶劣环境。并且具有超高定位精度，双向重复定位精度可以达到 1μm。表 1-7 是昊志不同型号直线电机的推力对比。

图 1-22　华卓精科多轴气浮系列电机（五轴）

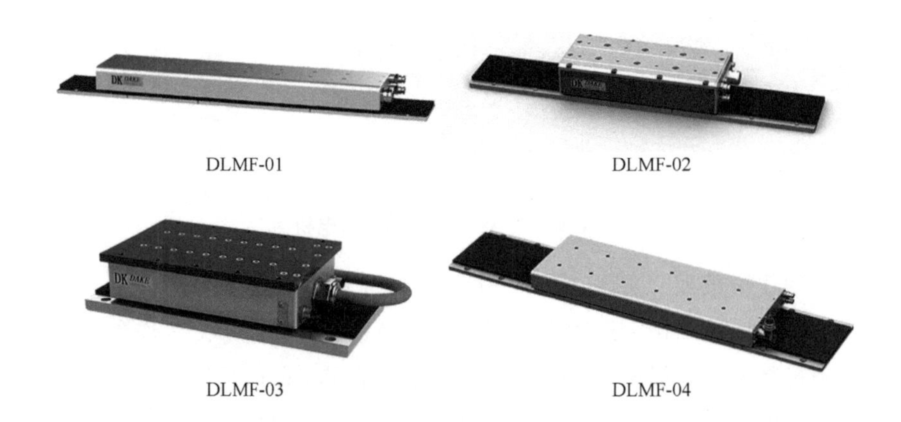

图 1-23　昊志 DLMF 系列直线电机

表 1-7　昊志不同型号直线电机推力对比

	DLMF-01	DLMF-02	DLMF-03	DLMF-04
峰值推力/N	2600~11400	720~2850	1700~6000	2600~11400
连续推力/N	1000~4000	240~960	1000~4000	1000~4000

苏州泰科贝尔直驱电机有限公司主要产品分为 LMU 无铁心直线电机、LMT 有铁心直线电机以及 LMD 圆筒型直线电机等（见图 1-24）。其中不同系列的 LMU 无铁心直线电机和 LMT 有铁心直线电机的推力范围见表 1-8 和表 1-9。

表 1-8　泰科贝尔 LMU 无铁心直线电机推力范围

	LMU15-52	LMU22-76	LMU30-114	LMU40-129	LMU50-129
峰值推力/N	35~106	102~399	239~1210	614~3690	699~4216
连续推力/N	9.9~30	30~116	71~355	122~728	141~843

a) LMU无铁心　　b) LMT有铁心　　c) LMD圆筒型

图1-24　泰科贝尔系列直线电机

表1-9　泰科贝尔LMT有铁心直线电机推力范围

	LMT60-40	LMT48-40	LMT81-40	LMT131-44	LMT100-41
峰值推力/N	180~540	122~737	232.5~1860	900~4650	606~1212
连续推力/N	90~270	61~363	105~842	385~1913	270~540

参考文献

[1]　中华人民共和国国务院. 国务院关于印发《中国制造2025》的通知［EB/OL］.（2015-05-08）. http://www.miit.gov.cn/n973401/n1234620/index.html.

[2]　中华人民共和国科学技术部. 国家中长期科技发展规划纲要（2006—2020）［EB/OL］.（2013-01-21）. http://www.most.gov.cn/kjgh/kjghzcq/.

[3]　叶云岳. 直线电机原理与应用［M］. 北京：机械工业出版社，2000：12-36.

[4]　寇宝泉，程树康. 交流伺服电机及其控制［M］. 北京：机械工业出版社，2008：232-242.

Chapter 2

第2章 永磁同步直线电机磁场分析

在精密或超精密运动平台的应用背景中，永磁同步直线电机的精确磁场解析是直线电机设计与优化的基础。传统的直线电机磁场分析方法存在一些忽略的因素，如永磁体极间漏磁、非重叠和重叠集中绕组形式等，故磁场解析精度不够；而且一般仅针对某一类具体结构的直线电机，在电机类型和边界条件上的适应性相对较窄，没有系统的无铁心、无槽或有铁心等多种类型永磁直线电机磁场分析方法。为建立系统的磁场分析方法，提高磁场解析精度，本书开展计及齿槽效应和斜极效应永磁同步直线电机磁场分析的研究。

2.1 电磁力研究概述

精确的磁场分析是电机设计与优化的基础。目前，普遍采用的电磁场计算方法有Maxwell直接解法、等效磁荷法、等效磁化电流法、等效磁网络法、有限元法、数值解析结合法等[1-4]。直接解法从Maxwell方程组出发，建立标量磁位或矢量磁位的微分方程组，通过分离变量法或分区法求解给定边界条件和初始条件下的拉普拉斯或泊松方程组。等效磁荷法从描述永磁体的面磁荷观点出发，引入标量磁位，计算按一定规律分布的磁荷面在三维空间产生磁场的叠加效果。等效磁化电流法是把永磁体的励磁作用等效为束缚面电流或体电流，引入矢量磁位，导出关于矢量磁位的泊松方程组，结合边界条件求解电机的磁场分布。等效磁网络法是根据等效磁通管原理，将电机分为多个磁场分布较均匀、几何形状较规则的独立单元，分别计算其等效磁导，依据磁网络和电网络的相似性，采用节点法求解磁网络，可得出气隙磁通密度分布[5]。上述解析法一般从二维模型出发，当电枢开槽后，气隙磁场发生畸变，运用许-克（Schwarz-Christoffel）变换等效齿槽效应[6]，忽略了极间漏磁、横向和纵向端部效应等，故计算精度不高，需做方法的改进或优化。有限元法是将电机求解区域分割为有限个单元，构造插值函数，按边值条件和等效变分问题建立所有单元联立的方程组，求出各节点上的磁位。由于计算机非常适合重复性计算整体矩形，目前开发了Ansoft、

Ansys、Flux 等有限元商业软件精确求解电磁场。二维有限元方法建模简单，计算速度快，但是由于忽略了横向端部效应，计算精度不足；三维有限元方法能真实准确反映电机三维空间的磁场分布，但是建模较难，计算量大、耗时长。

针对有铁心永磁同步直线电机齿槽效应等问题，英国谢菲尔德大学 Z. Q. Zhu 等人于 1993 年提出了通过许-克变换分析由电枢开槽引起的相对气隙磁导分布函数，由此解析得出永磁无刷直流电机在空载和负载状态下的磁场分布，但是默认齿槽效应与气隙内的径向位置无关，这与实际磁场分布存在一定偏差[7-10]。文献［11］提出了采用磁体逐极法和逐槽电流法等效永磁体和电枢绕组电流产生的气隙磁场分布，建立 PMSLM 整体分层线性模型和三相等效电路模型；但是逐槽电流法无法反映齿槽效应对空载气隙磁场的影响，计算精度不够。文献［12］采用许-克变换得到由齿槽效应引起的永磁无刷直流电机气隙相对磁导函数，并且分析了不同半径处的气隙相对磁导。

改进等效磁网络法和非线性变磁网络法已成为现今电机磁场建模的研究热点[13,14]。文献［15］提出了通过许-克变换计算电枢开齿槽后气隙磁场产生畸变的因素用于修正永磁同步直线电机等效磁网络模型，提高其解析精度，但是并没有考虑端部效应的作用。文献［16］提出了一种改进的永磁同步直线电机等效磁网络模型，分离出考虑永磁体间漏磁、磁饱和效应的磁阻，并且通过有限元仿真结果修正了铁心纵向两端的齿部磁阻，提高了解析法的计算精度。

2.2　电机拓扑结构

以精密运动平台中常用的具有代表性的无铁心 PMSLM 和有铁心 PMSLM 作为具体研究对象。对于无铁心 PMSLM，一般采用分数槽集中绕组形式，可分为非重叠绕组和重叠绕组，图 2-1 所示为非重叠、重叠两种绕组形式的无铁心 PMSLM 三维拓扑结构。该电机为动线圈式结构，由初级和双边次级组成，初级部分由环氧树脂灌封的分数槽集中绕组构成，次级部分由 N、S 交错排列的永磁体和次级铁轭组成，形成一个类“U”型结构。图 2-1a 为 8 极 6 槽的非重叠分数槽集中绕组形式；图 2-1b 为 4 极 6 槽的重叠分数槽集中绕组形式，使三相重叠集中绕组的线圈端部相互错位，绕组端部被拉开 90°形成工字形结构，形成一种新型的“叠放非重叠”结构。该“叠放非重叠”绕组形式代替了原有的重叠绕组形式，增加绕组端部与初级连接件的接触面积，提高散热效率，并增强初级部件的刚度。

图 2-2 所示为水冷型有铁心永磁同步直线电机的三维拓扑结构。该电机为动线圈结构，初级由电枢铁心、三相电枢绕组、冷却壳体和左、右密封端盖组成，次级为 N-S 极性交错排列的永磁体和导磁轭板。冷却壳体和左、右密封端盖的内部空间都设计有冷却管路，实现了除气隙面外的初级部件冷却。考虑到精密运动平台的应用背景，采用斜极永磁体削弱谐波电动势，减少定位力波动和推力波动，其中斜极磁极结构主要包括常规斜极和类 V 形斜极两种形式。同时，采用绕组节距为 1 的非重叠分数槽集中绕组，线圈直接绕在单个齿上，提高

了槽满率，缩短了绕组端部长度，降低了电机铜损耗，而且分数槽绕组能有效地改善反电动势波形，进一步减少推力波动。在精密气浮定位系统中，有效地利用有铁心 PMSLM 的法向吸引力，即法向吸引力相当于负气压提供吸力，与气源提供正气压所产生的浮力相互平衡，实现电机动子的支撑和导向，可减少一个气浮工作面。

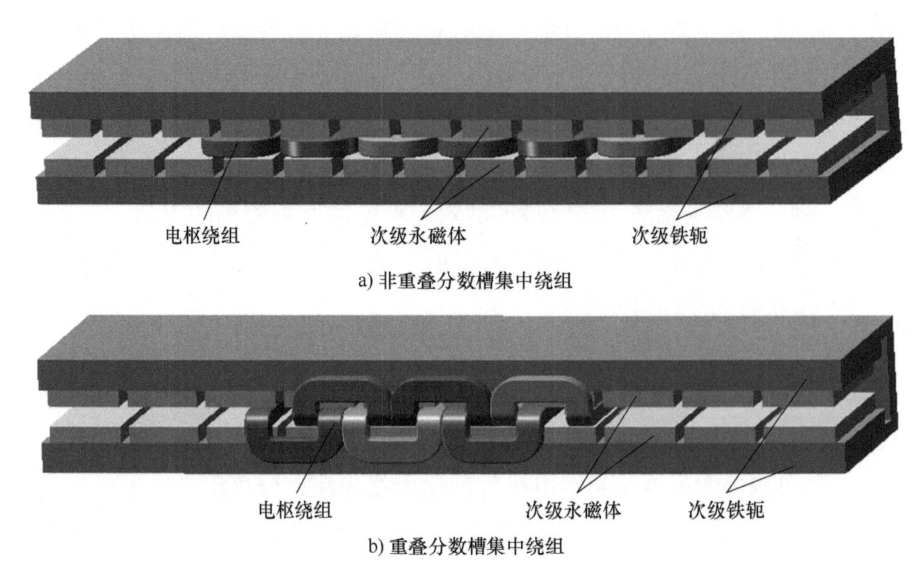

a) 非重叠分数槽集中绕组

b) 重叠分数槽集中绕组

图 2-1　无铁心永磁同步直线电机拓扑结构

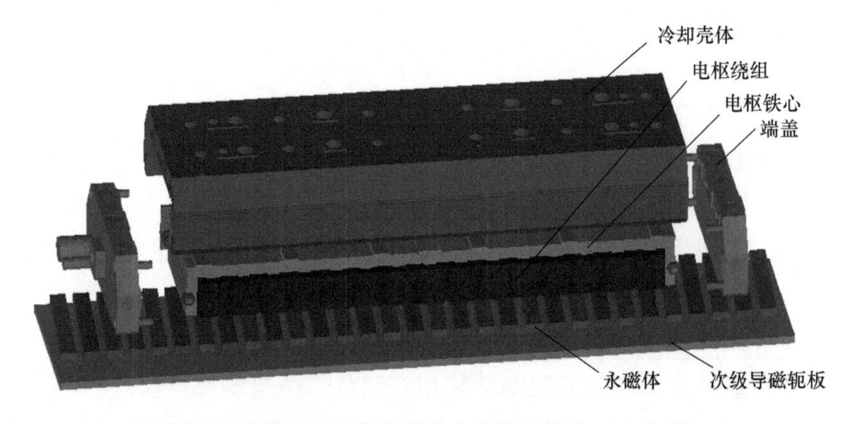

图 2-2　有铁心永磁同步直线电机拓扑结构（水冷型）

2.3　永磁体励磁磁场与电枢反应磁场分析

2.3.1　无铁心 PMSLM 永磁体励磁磁场

对于无铁心 PMSLM，双边次级的结构关于气隙中心线对称。图 2-3 所示为无铁心 PMSLM 的层分析模型，用于分析由永磁体产生的空载磁场，一般做如下假设：

（1）磁场沿 z 轴方向无变化，即将电机磁场作为二维磁场进行分析。

（2）直线电机次级铁轭的磁导率为无穷大。

（3）永磁体退磁曲线为直线，永磁体为均匀磁化，即相对回复磁导率 $\mu_r=1$。

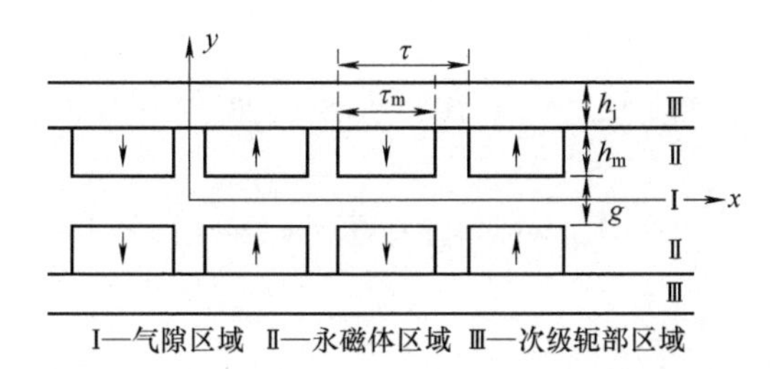

图 2-3　无铁心永磁同步直线电机层分析模型

采用等效磁化强度法分析永磁体的励磁作用，气隙区域矢量磁位满足泊松方程 $\nabla^2\boldsymbol{A}=0$，永磁体区域矢量磁位满足泊松方程 $\nabla^2\boldsymbol{A}=-\mu_0(J+\nabla\times\boldsymbol{M})$。由于永磁体间存在漏磁通，普通的分析方法常忽略极间漏磁的影响。为提高磁场解析精度，考虑极间漏磁的永磁体等效磁化强度函数用傅里叶级数表示为

$$M(x)=\sum_{n=1,3,5,\cdots}^{\infty}\frac{4B_r}{\mu_0\tau m_n}\sin\frac{m_n\tau}{2}\sin\frac{m_n\tau_m}{2}\sin(m_n x) \tag{2-1}$$

$$m_n=\frac{n\pi}{\tau} \tag{2-2}$$

式中　B_r——永磁体剩余磁化强度；

μ_0——空气磁导率；

τ_m——永磁体宽度；

τ——永磁体极距。

根据 Maxwell 方程组，分别建立气隙区域和永磁体区域的泊松方程组为

$$\begin{cases}\dfrac{\partial^2\boldsymbol{A}_1}{\partial x^2}+\dfrac{\partial^2\boldsymbol{A}_1}{\partial y^2}=0 & \text{区域 Ⅰ}\\[2ex] \dfrac{\partial^2\boldsymbol{A}_2}{\partial x^2}+\dfrac{\partial^2\boldsymbol{A}_2}{\partial y^2}=-\mu_0\dfrac{\partial M(x)}{\partial x} & \text{区域 Ⅱ}\end{cases} \tag{2-3}$$

式中　$\boldsymbol{A}_1$、$\boldsymbol{A}_2$——分别为气隙区域Ⅰ和永磁体区域Ⅱ的矢量磁位。

气隙区域和永磁体区域的磁通密度 B 和磁场强度 H 满足如下对称边界条件：

$$\begin{cases}B_{y1}\big|_{y=\frac{g}{2}}=B_{y2}\big|_{y=\frac{g}{2}},H_{x2}\big|_{y=\frac{g}{2}}=H_{x1}\big|_{y=\frac{g}{2}}\\ H_{x2}\big|_{y=\frac{g}{2}+h_m}=0,H_{x1}\big|_{y=0}=0\end{cases} \tag{2-4}$$

式中　h_m——永磁体厚度；

g——物理气隙长度。

将式（2-4）代入式（2-3），得出气隙区域和永磁体区域的空载气隙磁通密度为

$$\begin{cases} B_{x1}=\sum_{n=1}^{\infty} m_n[A_{n1}\cosh(m_n y)+B_{n1}\sinh(m_n y)]\cos(m_n x) \\ B_{y1}=-\sum_{n=1}^{\infty} m_n[A_{n1}\sinh(m_n y)+B_{n1}\cos(m_n y)]\sin(m_n x) \\ B_{x2}=\sum_{n=1}^{\infty} m_n[A_{n2}\cosh(m_n y)+B_{n2}\sinh(m_n y)]\cos(m_n x) \\ B_{y2}=-\sum_{n=1}^{\infty} m_n[A_{n2}\sinh(m_n y)+B_{n2}\cos(m_n y)+T_n]\sin(m_n x) \end{cases} \tag{2-5}$$

式中　$T_n=\frac{4B_r}{\tau m_n^2}\sin\frac{m_n\tau}{2}\sin\frac{m_n\tau_m}{2}$；

$A_{n1}=0$；$A_{n2}=T_n\sinh\left(m_n\frac{g}{2}\right)$；

$B_{n1}=T_n\sinh(m_n h_m)/\sinh\left[m_n\left(h_m+\frac{g}{2}\right)\right]$；

$B_{n2}=-T_n\sinh\left(m_n\frac{g}{2}\right)\tanh\left[m_n\left(h_m+\frac{g}{2}\right)\right]$。

永磁体励磁磁场与电枢绕组形式无关，故式（2-5）的空载气隙磁通密度解析式适应于非重叠、重叠集中绕组无铁心 PMSLM。

表 2-1 为非重叠绕组 PMSLM 样机主要参数，为验证空载气隙磁通密度解析式的正确性，代入电机相关参数，采用解析法和二维有限元法分别计算气隙磁通密度分布。图 2-4 所示为电机空载状态下的二维磁通密度分布。

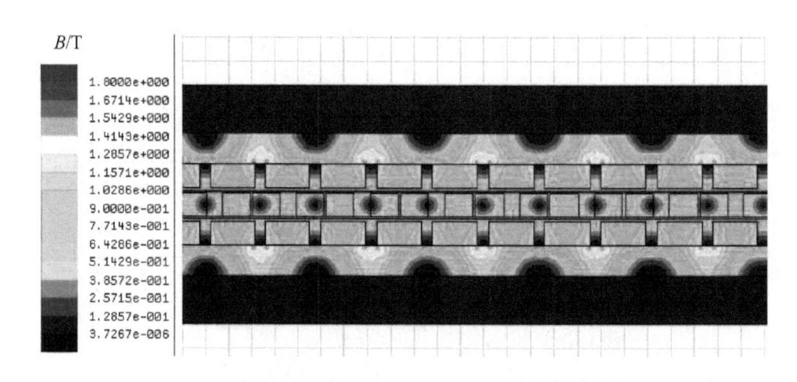

图 2-4　非重叠绕组 PMSLM 空载二维磁通密度分布

表 2-1　非重叠绕组 PMSLM 样机主要参数

参　数	数　值	参　数	数　值
极数 $2p$	16	虚槽数 Q	12
极距 τ/mm	24	虚槽宽度 b_t/mm	32
绕组总宽度 D/mm	31	绕组单边宽度 d/mm	12

（续）

参　数	数　值	参　数	数　值
等效气隙长度 g/mm	13	永磁体厚度 h_m/mm	10
永磁体宽度 τ_m/mm	20.2	永磁体剩磁 B_r/T	1.39
电枢长度 L_{ef}/mm	72	绕组高度 h_j/mm	9.4

图 2-5 比较了气隙中心线、永磁体表面的解析法和二维有限元仿真分析求得的空载气隙磁通密度法向分量，解析值略小于有限元仿真值，解析法的最大相对误差小于 2.2%。通过解析法与二维有限元法的对比分析，验证了考虑极间漏磁的永磁体等效强度法分析永磁体励磁磁场的正确性和可行性，该方法实现了永磁体励磁磁场的精确解析。

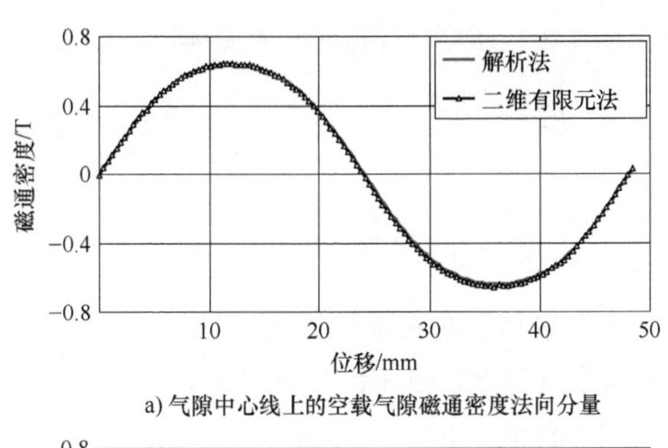

a) 气隙中心线上的空载气隙磁通密度法向分量

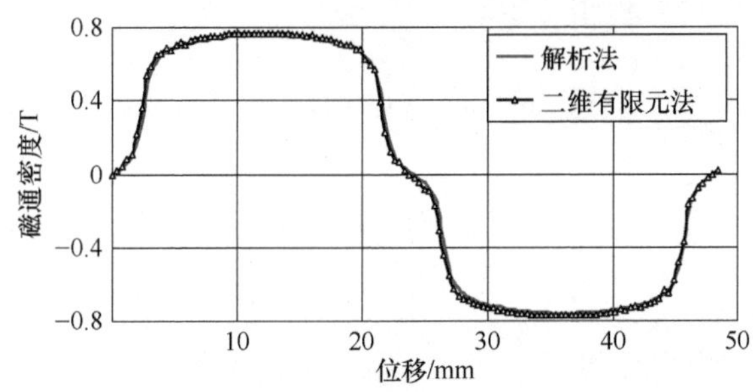

b) 永磁体表面的空载气隙磁通密度法向分量

图 2-5　采用解析法和有限元法的空载气隙磁通密度比较

2.3.2　无槽 PMSLM 永磁体励磁磁场

无槽 PMSLM 由于没有齿槽效应，在光滑电枢下的永磁体产生的励磁磁场为空载气隙磁场。对于有铁心 PMSLM，先分析无槽 PMSLM 永磁体励磁磁场；在此基础上，通过引入气隙相对磁导分布函数，得出考虑齿槽效应的空载气隙磁场。图 2-6 所示为无槽永磁同步直线电机层分析模型，为简化分析，一般做如下假设：

（1）电机初级、次级无限长，各层在 x 轴方向无限延伸。

（2）暂不考虑横向端部效应，忽略 z 轴方向磁场变化。

（3）初级铁心、次级铁轭的磁导率 $\mu_{Fe}=\infty$。

（4）永磁体为均匀磁化，相对回复磁导率 $\mu_r=1$。

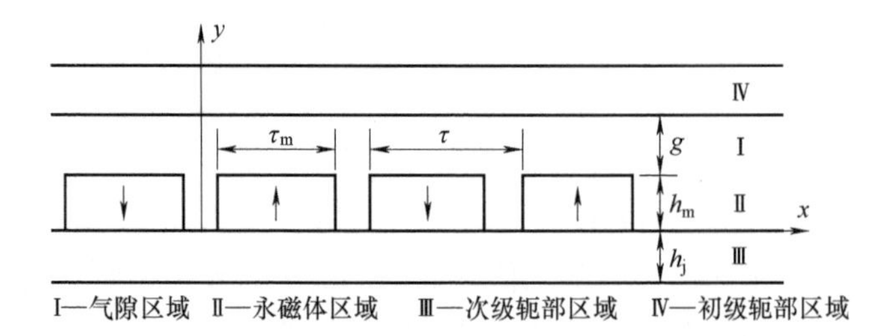

图 2-6 无槽永磁同步直线电机层分析模型

基于永磁体等效磁化强度法，建立气隙区域和永磁体区域的泊松方程组

$$\begin{cases}\dfrac{\partial^2 \boldsymbol{A}_1}{\partial x^2}+\dfrac{\partial^2 \boldsymbol{A}_1}{\partial y^2}=0 & \text{区域 I}\\ \dfrac{\partial^2 \boldsymbol{A}_2}{\partial x^2}+\dfrac{\partial^2 \boldsymbol{A}_2}{\partial y^2}=-\mu_0\dfrac{\partial M(x)}{\partial x} & \text{区域 II}\end{cases}\tag{2-6}$$

式中 $\boldsymbol{A}_1$、$\boldsymbol{A}_2$——分别为气隙区域和永磁体区域的矢量磁位。

永磁体的等效磁化强度空间分布函数 $M(x)$ 见式（2-1）。

利用分离变量法可求得方程组（2-6）的通解为

$$\begin{cases}\boldsymbol{A}_1=\sum\limits_{n=1,3,5,\cdots}^{\infty}[A_{n1}\sinh(m_n y)+B_{n1}\cosh(m_n y)]\cos(m_n x)\\ \boldsymbol{A}_2=\sum\limits_{n=1,3,5,\cdots}^{\infty}[A_{n2}\sinh(m_n y)+B_{n2}\cosh(m_n y)+T_n]\cos(m_n x)\end{cases}\tag{2-7}$$

式中，$m_n=\dfrac{n\pi}{\tau}$；$T_n=\dfrac{4B_r}{\tau m_n^2}\sin\dfrac{m_n\tau}{2}\sin\dfrac{m_n\tau_m}{2}$。

结合气隙区域和永磁体区域的非对称边界条件为

$$\begin{cases}B_{y1}\big|_{y=h_m}=B_{y2}\big|_{y=h_m},H_{x2}\big|_{y=h_m}=H_{x1}\big|_{y=h_m}\\ H_{x1}\big|_{y=g+h_m}=0,H_{x2}\big|_{y=0}=0\end{cases}\tag{2-8}$$

由于 $B_x=\dfrac{\partial A}{\partial y}$，$B_y=\dfrac{\partial A}{\partial x}$，$H_x=\dfrac{1}{\mu_0}\dfrac{\partial A}{\partial y}$，$H_y=\dfrac{1}{\mu_0}\dfrac{\partial A}{\partial x}$，式（2-8）可转换为

$$\begin{cases}\dfrac{\partial \boldsymbol{A}_2}{\partial y}\bigg|_{y=0}=0,\dfrac{\partial \boldsymbol{A}_1}{\partial x}\bigg|_{y=h_m}=\dfrac{\partial \boldsymbol{A}_2}{\partial x}\bigg|_{y=h_m}\\ \dfrac{\partial \boldsymbol{A}_2}{\partial y}\bigg|_{y=h_m}=\dfrac{\partial \boldsymbol{A}_1}{\partial y}\bigg|_{y=h_m},\dfrac{\partial \boldsymbol{A}_1}{\partial y}\bigg|_{y=g+h_m}=0\end{cases}\tag{2-9}$$

代入边界条件式（2-9），可得泊松方程组（2-6）的解为

$$\begin{cases} B_{x1} = \sum_{n=1,3,5,\cdots}^{\infty} m_n[A_{n1}\cosh(m_n y) + B_{n1}\sinh(m_n y)]\cos(m_n x) \\ B_{y1} = -\sum_{n=1,3,5,\cdots}^{\infty} m_n[A_{n1}\sinh(m_n y) + B_{n1}\cosh(m_n y)]\sin(m_n x) \\ B_{x2} = \sum_{n=1,3,5,\cdots}^{\infty} m_n[A_{n2}\cosh(m_n y) + B_{n2}\sinh(m_n y)]\cos(m_n x) \\ B_{y2} = -\sum_{n=1,3,5,\cdots}^{\infty} m_n[A_{n2}\sinh(m_n y) + B_{n2}\cosh(m_n y) + T_n]\sin(m_n x) \end{cases} \tag{2-10}$$

式中

$$A_{n1} = -T_n\sinh(m_n h_m);\ A_{n2} = 0$$

$$B_{n1} = T_n\sinh(m_n h_m)\frac{\cosh[m_n(g+h_m)]}{\sinh[m_n(g+h_m)]}$$

$$B_{n2} = -T_n\cosh(m_n h_m) + T_n\sinh(m_n h_m)\frac{\cosh[m_n(g+h_m)]}{\sinh[m_n(g+h_m)]}$$

无槽 PMSLM 永磁体励磁磁场是后续解析有铁心 PMSLM 永磁体励磁磁场的基础。综上，无铁心与无槽类型 PMSLM 的层分析模型存在对称与非对称的边界条件的差异，故其空载气隙磁通密度解析式是统一的，仅系数不相同。

2.3.3　无铁心 PMSLM 电枢反应磁场

常规的磁场分析方法，多忽略电枢绕组产生的电枢反应磁场，或仅给出电枢反应磁场定性的分析结果，没有建立考虑非重叠和重叠集中绕组形式的电枢反应磁场系统的解析方法。然而，在精密运动平台的应用背景中，无铁心 PMSLM 电枢反应磁场解析是精确计算电磁推力的理论基础。

单独分析电枢绕组产生的磁场时，假设次级永磁体不作用，默认在气隙区域建立基于电枢绕组等效面电流法的 PMSLM 各层区域泊松方程组，利用边界条件求解电枢反应磁场。由于电枢反应磁场与绕组分布直接相关，因此分别解析非重叠和重叠分数槽集中绕组产生的电枢反应磁场。

1. 非重叠绕组 ACPMSLM 电枢反应磁场

以 4 极 3 槽的非重叠分数槽集中绕组为例，由于结构对称，可取单边作为分析对象。图 2-7 所示为非重叠绕组 ACPMSLM 层分析模型，永磁体不作用，相当于气隙区域，电枢绕组等效为电流层。

对于 A 相绕组，电流密度函数为单调奇函数，其电流密度分布可表示为

$$J_a(x) = \sum_{n=1,3,5,\cdots}^{\infty} b_n \sin\frac{n\pi x}{\tau} \tag{2-11}$$

式中，$b_n = \dfrac{1}{2\tau}\int_0^{2\tau} J_a(x)\sin\dfrac{n\pi x}{\tau}\mathrm{d}x$。

一个单元电机 A 相绕组的电密分布函数为

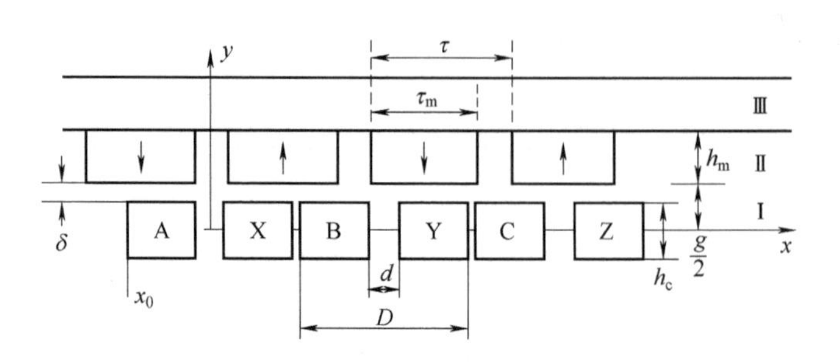

图 2-7　非重叠绕组 ACPMSLM 层分析模型

$$J_a(x)=\begin{cases}J_a & -\dfrac{D}{2}\leqslant x\leqslant -\dfrac{d}{2}\\ -J_a & \dfrac{d}{2}\leqslant x\leqslant \dfrac{D}{2}\\ 0 & -\dfrac{d}{2}\leqslant x\leqslant \dfrac{d}{2},\dfrac{D}{2}\leqslant x\leqslant 2\tau,-2\tau\leqslant x\leqslant -\dfrac{D}{2}\end{cases} \tag{2-12}$$

式（2-12）代入 b_n，积分可得

$$b_n=\frac{J_a}{n\pi}\left(\cos\frac{n\pi D}{2\tau}-\cos\frac{n\pi d}{2\tau}\right) \tag{2-13}$$

式中，$J_a=\dfrac{\sqrt{2}N_sI\sin(\omega t+\theta_0)}{D-d}$。

故

$$J_a(x)=\sum_{n=1}^{\infty}\frac{\sqrt{2}N_sI\sin(\omega t+\theta_0)}{n\pi(D-d)}\left(\cos\frac{n\pi D}{2\tau}-\cos\frac{n\pi d}{2\tau}\right)\sin\frac{n\pi x}{\tau} \tag{2-14}$$

式中　N_s——每个虚槽的导体数；

I——电流有效值；

θ_0——A 相绕组初始相位角；

D、d——分别为绕组总宽度和绕组单边宽度。

同理可得，B 相和 C 相的电流密度分布为

$$J_b(x)=\sum_{n=1}^{\infty}\frac{\sqrt{2}N_sI\sin\left(\omega t+\theta_0-\dfrac{2\pi}{3}\right)}{n\pi(D-d)}\left(\cos\frac{n\pi D}{2\tau}-\cos\frac{n\pi d}{2\tau}\right)\sin\left[\frac{n\pi}{\tau}(x-b_t)\right] \tag{2-15}$$

$$J_c(x)=\sum_{n=1}^{\infty}\frac{\sqrt{2}N_sI\sin\left(\omega t+\theta_0-\dfrac{4\pi}{3}\right)}{n\pi(D-d)}\left(\cos\frac{n\pi D}{2\tau}-\cos\frac{n\pi d}{2\tau}\right)\sin\left[\frac{n\pi}{\tau}(x-2b_t)\right] \tag{2-16}$$

式中　b_t——虚槽宽度，且 $b_t=\dfrac{2p\tau}{Q}$。

先单独分析 A 相绕组产生的磁场，根据 Maxwell 方程组，建立气隙区域和其他区域的泊

松方程组为

$$\begin{cases}\dfrac{\partial^2 \boldsymbol{A}_1}{\partial x^2}+\dfrac{\partial^2 \boldsymbol{A}_1}{\partial y^2}=-\mu_0 J_a(x) & \text{区域 I}\\ \dfrac{\partial^2 \boldsymbol{A}_2}{\partial x^2}+\dfrac{\partial^2 \boldsymbol{A}_2}{\partial y^2}=0 & \text{区域 II}\end{cases} \tag{2-17}$$

式中　$\boldsymbol{A}_1$、$\boldsymbol{A}_2$——分别为电枢绕组区域Ⅰ和其他区域Ⅱ的矢量磁位。

电枢绕组区域和其他区域满足如下对称边界条件：

$$\begin{cases}\left.\dfrac{\partial \boldsymbol{A}_1}{\partial x}\right|_{y=\frac{h_c}{2}}=\left.\dfrac{\partial \boldsymbol{A}_2}{\partial x}\right|_{y=\frac{h_c}{2}},\left.\dfrac{\partial \boldsymbol{A}_1}{\partial y}\right|_{y=\frac{h_c}{2}}=\left.\dfrac{\partial \boldsymbol{A}_2}{\partial y}\right|_{y=\frac{h_c}{2}}\\ \left.\dfrac{\partial \boldsymbol{A}_2}{\partial y}\right|_{y=h_m+\frac{g}{2}}=0,\left.\dfrac{\partial \boldsymbol{A}_1}{\partial y}\right|_{y=0}=0\end{cases} \tag{2-18}$$

将式（2-18）代入式（2-17），得出各区域的矢量磁位为

$$\begin{cases}\boldsymbol{A}_1=\mu_0\displaystyle\sum_{n=1}^{\infty}\left[C_{na}\sinh(k_n y)+D_{na}\cosh(k_n y)+\frac{J_a'}{k_n^2}\right]\sin(k_n x)\\ \boldsymbol{A}_2=\mu_0\displaystyle\sum_{n=1}^{\infty}\left[E_{na}\sinh(k_n y)+F_{na}\cosh(k_n y)\right]\sin(k_n x)\end{cases} \tag{2-19}$$

式中　$k_n=m_n=\dfrac{n\pi}{\tau}$；

$C_{na}=-\dfrac{J_a}{k_n^2}\cosh\left(k_n\dfrac{h_c}{2}\right)\tanh\left[k_n\left(h_m+\dfrac{g}{2}\right)\right]$；

$D_{na}=\dfrac{J_a}{k_n^2}\sinh\left(k_n\dfrac{h_c}{2}\right)\cosh\left[k_n\left(h_m+\dfrac{g}{2}\right)\right]$；

$E_{na}=-\dfrac{J_a}{k_n^2}\left\{\sinh\left(k_n\dfrac{h_c}{2}\right)+\cosh\left(k_n\dfrac{h_c}{2}\right)\tanh\left[k_n\left(h_m+\dfrac{g}{2}\right)\right]\right\}$；

$F_{na}=\dfrac{J_a}{k_n^2}\left\{\sinh\left(k_n\dfrac{h_c}{2}\right)+\cosh\left(k_n\dfrac{h_c}{2}\right)\tanh\left[k_n\left(h_m+\dfrac{g}{2}\right)\right]\right\}\coth\left[k_n\left(h_m+\dfrac{g}{2}\right)\right]$。

设 $C_n=\dfrac{C_{na}}{J_a}$，$D_n=\dfrac{D_{na}}{J_a}$，$E_n=\dfrac{E_{na}}{J_a}$，$F_n=\dfrac{F_{na}}{J_a}$，这些系数与电枢绕组电流密度无关。故在电枢绕组区域由三相绕组产生的磁通密度为

$$\begin{cases}B_{x1}=\mu_0\displaystyle\sum_{n=1}^{\infty}k_n\left[C_n\cosh(k_n y)+D_n\sinh(k_n y)\right]\cdot\\ \qquad\left[J_a'\sin k_n x+J_b'\sin k_n(x-b_t)+J_c'\sin k_n(x-2b_t)\right]\\ B_{y1}=\mu_0\displaystyle\sum_{n=1}^{\infty}k_n\left[C_n\sinh(k_n y)+D_n\cosh(k_n y)+\frac{1}{k_n^2}\right]\cdot\\ \qquad\left[J_a'\cos k_n x+J_b'\cos k_n(x-b_t)+J_c'\cos k_n(x-2b_t)\right]\end{cases} \tag{2-20}$$

在气隙区域由三相绕组产生的磁通密度为

$$\begin{cases} B_{x2}=\mu_0\sum\limits_{n=1}^{\infty}k_n[E_n\cosh(k_ny)+F_n\sinh(k_ny)]\cdot \\ \qquad \{J'_a\sin(k_nx)+J'_b\sin[k_n(x-b_t)]+J'_c\sin[k_n(x-2b_t)]\} \\ B_{y2}=\mu_0\sum\limits_{n=1}^{\infty}k_n[E_n\sinh(k_ny)+F_n\cosh(k_ny)]\cdot \\ \qquad \{J'_a\cos(k_nx)+J'_b\cos[k_n(x-b_t)]+J'_c\cos[k_n(x-2b_t)]\} \end{cases} \tag{2-21}$$

式中 $J'_a=\dfrac{\sqrt{2}N_sI\sin(\omega t+\theta_0)}{n\pi(D-d)}\left(\cos\dfrac{n\pi D}{2\tau}-\cos\dfrac{n\pi d}{2\tau}\right)\sin\dfrac{n\pi x}{\tau}$;

$$J'_b=\frac{\sqrt{2}N_sI\sin\left(\omega t+\theta_0-\dfrac{2\pi}{3}\right)}{n\pi(D-d)}\left(\cos\frac{n\pi D}{2\tau}-\cos\frac{n\pi d}{2\tau}\right)\sin\left[\frac{n\pi}{\tau}(x-b_t)\right];$$

$$J'_c=\frac{\sqrt{2}N_sI\sin\left(\omega t+\theta_0-\dfrac{4\pi}{3}\right)}{n\pi(D-d)}\left(\cos\frac{n\pi D}{2\tau}-\cos\frac{n\pi d}{2\tau}\right)\sin\left[\frac{n\pi}{\tau}(x-2b_t)\right]。$$

设非重叠绕组 ACPMSLM 连续相电流为 6A，参考表 2-1 电机参数，根据式（2-20）和式（2-21）计算电枢反应磁场。图 2-8 比较了解析法和二维有限元法求解在气隙中心线上由三相绕组产生的磁通密度法向分量，其波动周期约为 96mm，即一个 4 极 3 槽单元电机对应的初级总长度。解析值略小于有限元仿真值，除小部分区域磁场畸变较明显外，其他区域解析法和有限元法的最大相对误差为 3.8%。

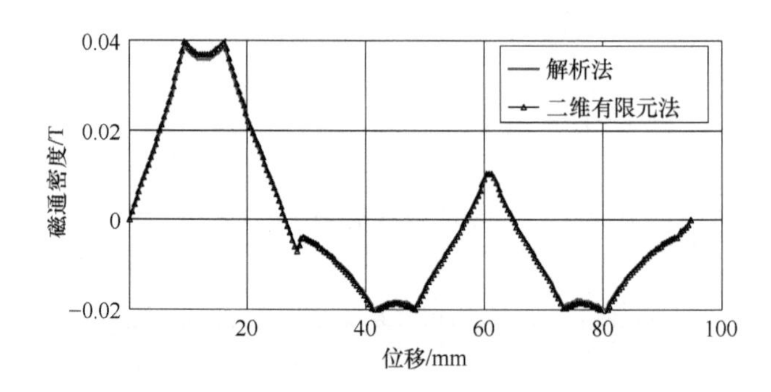

图 2-8　采用解析法和二维有限元法的电枢反应磁场

负载状态下，非重叠集中绕组无铁心直线电机气隙磁场等于由永磁体产生的气隙磁场叠加三相电枢绕组产生的电枢反应磁场。比较图 2-5 与图 2-8，在气隙中心线上，单独由永磁体产生的气隙磁场磁通密度法向分量最大值为 0.66T，连续电流条件下单独由三相绕组产生的气隙磁场磁通密度法向分量最大值约为 0.04T，两者相差约 17 倍，表明电枢反应磁场对 ACPMSLM 总气隙磁场影响极弱。

2. 重叠绕组 ACPMSLM 电枢反应磁场

以一个 2 极 3 槽的重叠分数槽绕组单元电机为例，单独分析重叠绕组形式 ACPMSLM 电枢反应磁场。图 2-9 为重叠分数槽绕组无铁心永磁同步直线电机的层分析模型。次级永磁体不作用，将重叠电枢绕组等效为电流层。

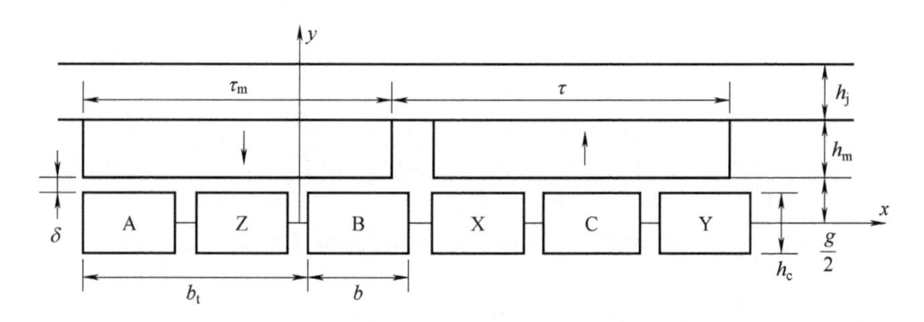

图 2-9　重叠绕组 ACPMSLM 层分析模型

对于 A 相绕组，电流密度函数为单调奇函数，其电流密度分布可表示为

$$J_a(x)=\sum_{n=1,2,3,\cdots}^{\infty} b_n \sin\frac{n\pi x}{\tau} \tag{2-22}$$

式中，$b_n=\dfrac{1}{2\tau}\displaystyle\int_0^{2\tau} J_a(x)\sin\frac{n\pi x}{\tau}\mathrm{d}x$。

一个单元电机 A 相绕组的电密分布函数为

$$J_a(x)=\begin{cases} J_a & x_0 \leqslant x \leqslant x_0+b \\ -J_a & x_0+\dfrac{3b_t}{2} \leqslant x \leqslant x_0+\dfrac{3b_t}{2}+b \end{cases} \tag{2-23}$$

式中　b_t——虚槽的槽宽；

b——单个线圈边宽度；

x_0——A 相绕组初始位置。

式（2-23）代入 b_n，可得参数 b_n 和 $J_a(x)$ 为

$$b_n=-\frac{2J_a}{n\pi}\sin\left(\frac{n\pi}{\tau}\frac{b}{2}\right)\sin\left(\frac{n\pi}{\tau}\frac{3b_t}{4}\right)\cos\left[\frac{n\pi}{\tau}\left(x_0+\frac{b}{2}+\frac{3b_t}{4}\right)\right] \tag{2-24}$$

$$J_a(x)=\sum_{n=1}^{\infty}-\frac{2\sqrt{2}N_s I\sin(\omega t+\theta_0)}{n\pi b}J(n)\sin\frac{n\pi x}{\tau} \tag{2-25}$$

式中　$J_a=\dfrac{\sqrt{2}N_s I\sin(\omega t+\theta_0)}{b}$；

$J(n)=\sin\left(\dfrac{n\pi b}{2\tau}\right)\sin\left(\dfrac{3n\pi b_t}{4\tau}\right)\cos\left[\dfrac{n\pi}{\tau}\left(x_0+\dfrac{b}{2}+\dfrac{3b_t}{4}\right)\right]$。

同理可得，B 相和 C 相的电流密度分布为

$$J_b(x)=\sum_{n=1}^{\infty}-\frac{2\sqrt{2}N_s I\sin\left(\omega t+\theta_0-\dfrac{2\pi}{3}\right)}{n\pi b}J(n)\sin\left[\frac{n\pi}{\tau}(x-b_t)\right] \tag{2-26}$$

$$J_{c}(x)=\sum_{n=1}^{\infty}-\frac{2\sqrt{2}N_{s}I\sin\left(\omega t+\theta_{0}-\frac{4\pi}{3}\right)}{n\pi b}J(n)\sin\left[\frac{n\pi}{\tau}(x-2b_{t})\right] \tag{2-27}$$

根据求解泊松方程组的通解，可得重叠绕组直线电机在绕组区域由三相绕组产生的磁通密度为

$$\begin{cases}B_{x1}=\mu_{0}\sum\limits_{n=1}^{\infty}k_{n}[C_{n}\cosh(k_{n}y)+D_{n}\sinh(k_{n}y)]\cdot\\ \quad[J'_{a}\sin k_{n}x+J'_{b}\sin k_{n}(x-b_{t})+J'_{c}\sin k_{n}(x-2b_{t})]\\ B_{y1}=\mu_{0}\sum\limits_{n=1}^{\infty}k_{n}\left[C_{n}\sinh(k_{n}y)+D_{n}\cosh(k_{n}y)+\frac{1}{k_{n}^{2}}\right]\cdot\\ \quad[J'_{a}\cos k_{n}x+J'_{b}\cos k_{n}(x-b_{t})+J'_{c}\cos k_{n}(x-2b_{t})]\end{cases} \tag{2-28}$$

式中 $C_{n}=-\frac{1}{k_{n}^{2}}\cosh\left(k_{n}\frac{h_{c}}{2}\right)\tanh\left[k_{n}\left(h_{m}+\frac{g}{2}\right)\right]$；

$D_{n}=\frac{1}{k_{n}^{2}}\sinh\left(k_{n}\frac{h_{c}}{2}\right)\cosh\left[k_{n}\left(h_{m}+\frac{g}{2}\right)\right]$。

其他气隙区域由三相绕组产生的磁通密度为

$$\begin{cases}B_{x2}=\mu_{0}\sum\limits_{n=1}^{\infty}k_{n}[E_{n}\cosh(k_{n}y)+F_{n}\sinh(k_{n}y)]\cdot\\ \quad\{J''_{a}\sin k_{n}x+J''_{b}\sin[k_{n}(x-b_{t})]+J''_{c}\sin[k_{n}(x-2b_{t})]\}\\ B_{y2}=\mu_{0}\sum\limits_{n=1}^{\infty}k_{n}[E_{n}\sinh(k_{n}y)+F_{n}\cosh(k_{n}y)]\cdot\\ \quad\{J''_{a}\cos k_{n}x+J''_{b}\cos[k_{n}(x-b_{t})]+J''_{c}\cos[k_{n}(x-2b_{t})]\}\end{cases} \tag{2-29}$$

式中 $E_{n}=-\frac{1}{k_{n}^{2}}\left\{\sinh\left(k_{n}\frac{h_{c}}{2}\right)+\cosh\left(k_{n}\frac{h_{c}}{2}\right)\tanh\left[k_{n}\left(h_{m}+\frac{g}{2}\right)\right]\right\}$；

$F_{n}=\frac{1}{k_{n}^{2}}\left\{\sinh\left(k_{n}\frac{h_{c}}{2}\right)+\cosh\left(k_{n}\frac{h_{c}}{2}\right)\tanh\left[k_{n}\left(h_{m}+\frac{g}{2}\right)\right]\right\}\coth\left[k_{n}\left(h_{m}+\frac{g}{2}\right)\right]$；

$J''_{a}=-\frac{2\sqrt{2}N_{s}I\sin(\omega t+\theta_{0})}{n\pi b}J(n)\sin\frac{n\pi x}{\tau}$；

$J''_{b}=-\frac{2\sqrt{2}N_{s}I\sin\left(\omega t+\theta_{0}-\frac{2\pi}{3}\right)}{n\pi b}J(n)\sin\left[\frac{n\pi}{\tau}(x-b_{t})\right]$；

$J''_{c}=-\frac{2\sqrt{2}N_{s}I\sin\left(\omega t+\theta_{0}-\frac{4\pi}{3}\right)}{n\pi b}J(n)\sin\left[\frac{n\pi}{\tau}(x-2b_{t})\right]$。

设计的重叠分数槽绕组 ACPMSLM 采用 16 极 24 槽的极槽比，由 8 个 2 极 3 槽的单元电机构成，初级有效长度为 384mm，与非重叠绕组电机相同。表 2-2 列举了重叠绕组无铁心永

磁直线电机特殊的参数，其他参数详见表 2-1。

表 2-2　重叠绕组无铁心永磁直线电机主要参数

参　数	数　值	参　数	数　值
极数 $2p$	16	虚槽数 Q	24
单个线圈边宽度 b/mm	7.5	虚槽宽度 b_t/mm	16

设重叠绕组 ACPMSLM 的连续相电流为 6A，根据式（2-28）和式（2-29）计算电枢反应磁场。图 2-10 为解析法和二维有限元法求解在气隙中心线由三相绕组产生的磁通密度法向分量，其波动周期约为 48mm，即一个 2 极 3 槽单元电机对应的初次总长度。除部分区域磁场发生畸变外，其他区域解析法和有限元法的最大相对误差为 3.6%。

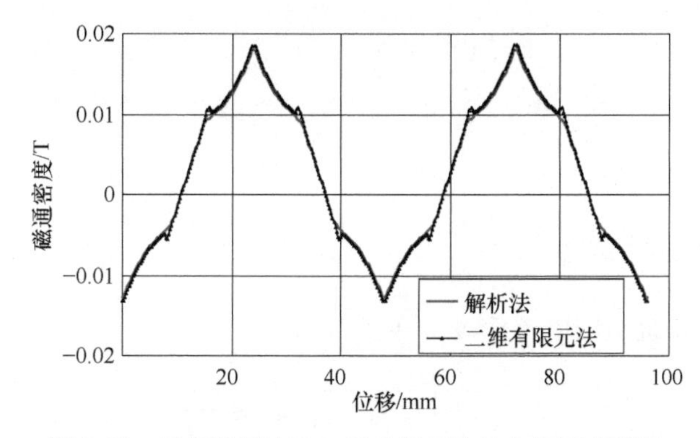

图 2-10　采用解析法和二维有限元法的电枢反应磁场

负载状态下，重叠绕组 ACPMSLM 气隙磁场等于由永磁体产生的气隙磁场叠加三相绕组产生的电枢反应磁场。比较图 2-5 与图 2-10，在气隙中心线上，单独由永磁体产生的气隙磁通密度法向分量最大值为 0.66T，连续电流条件下单独由三相绕组产生的气隙磁场磁通密度法向分量最大值约为 0.018T，两者相差约 36 倍，表明负载状态下电枢反应磁场对总气隙磁场影响极弱。

综上，非重叠和重叠集中绕组形式的无铁心 PMSLM 电枢反应磁场解析用于评估电枢反应磁场对总的气隙磁场的影响效果，是准确计算无铁心 PMSLM 电磁推力的理论依据。

2.3.4　无槽 PMSLM 电枢反应磁场

对于无槽 PMSLM，电枢反应磁场为在光滑电枢下三相电枢绕组产生的磁场。对于有铁心 PMSLM，先分析无槽 PMSLM 的电枢反应磁场，在此基础上，通过引入气隙相对磁导分布函数，得出考虑齿槽效应的电枢反应磁场。

假设永磁体不作用，采用等效面电流法处理电枢绕组产生的磁场分布。为简化分析，一般做如下假设：

（1）暂不考虑铁心开断，电机各层在 x 轴方向无限延伸。

（2）忽略 y 轴方向磁场变化。

（3）初级背轭和次级铁轭的磁导率 $\mu_{Fe}=\infty$，忽略铁心饱和。

图 2-11 所示为电枢绕组单独作用的无槽电机层分析模型，分为气隙层、电枢绕组层、

初级铁轭层和次级铁轭层。极槽比为4极3槽，绕组为非重叠集中绕组形式。

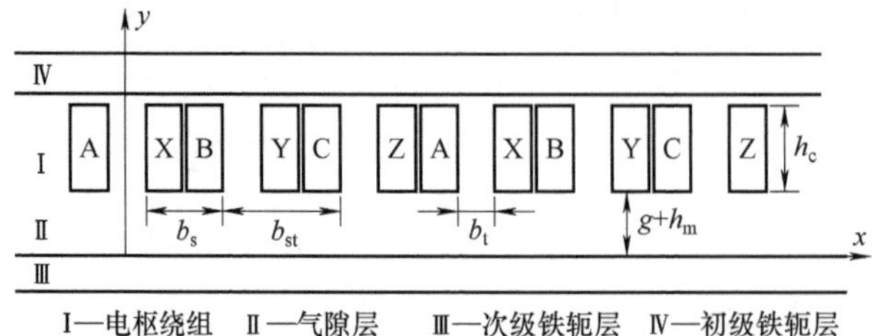

图2-11 无槽永磁同步直线电机层分析模型

A相绕组等效为电流层，其电流密度分布可表示为

$$J_a(x)=\sum_{n=1}^{\infty} b_n\sin(k_n x) \tag{2-30}$$

式中 $k_n=\dfrac{n\pi}{\tau}$；

$b_n=\dfrac{1}{2\tau}\int_0^{2\tau} J_a(x)\sin(k_n x)\mathrm{d}x$。

一个单元电机A相绕组的电流密度分布函数为

$$J_a(x)=\begin{cases} J_a & -\dfrac{b_{st}}{2}\leqslant x\leqslant -\dfrac{b_t}{2} \\ -J_a & \dfrac{b_t}{2}\leqslant x\leqslant \dfrac{b_{st}}{2} \end{cases} \tag{2-31}$$

式（2-31）代入b_n，积分可得b_n为

$$b_n=\frac{J_a}{n\pi}\left(\cos\frac{k_n b_{st}}{2}-\cos\frac{k_n b_t}{2}\right) \tag{2-32}$$

式中 $J_a=\dfrac{N_s i_a}{a b_s h_c}$；

其中 i_a——A相绕组的电流瞬时值；

N_s——每槽导体数；

a——并联支路数。

气隙磁场为无旋场，简化为拉普拉斯方程，气隙内标量磁位满足

$$\frac{\partial^2\varphi}{\partial x^2}+\frac{\partial^2\varphi}{\partial y^2}=0 \tag{2-33}$$

利用分离变量法可求得方程（2-33）的通解为

$$\varphi=\sum_{n=1}^{\infty}\left[A_{na}\sinh(k_n y)+B_{na}\cosh(k_n y)\right]\cos(k_n x) \tag{2-34}$$

气隙区域满足如下非对称的边界条件：

$$\begin{cases}\left.\dfrac{\partial\varphi}{\partial x}\right|_{y=0}=0\\[2ex]\left.\dfrac{\partial\varphi}{\partial x}\right|_{y=g+h_{\mathrm{m}}}=-J_{\mathrm{a}}(x)\end{cases}\tag{2-35}$$

边界条件式（2-35）代入式（2-34），可得拉普拉斯方程解的各参数为

$$\begin{cases}A_{n\mathrm{a}}=\dfrac{b_n}{k_n\sinh k_n(g+h_{\mathrm{m}})}\\[2ex]B_{n\mathrm{a}}=0\end{cases}\tag{2-36}$$

则 A 相绕组产生的气隙磁通密度为

$$\begin{cases}B_{x\mathrm{A}}(x,y,t)=\mu_0\displaystyle\sum_{n=1}^{\infty}\frac{b_n}{\sinh k_n(g+h_{\mathrm{m}})}\sinh(k_ny)\sin(k_nx)\\[3ex]B_{y\mathrm{A}}(x,y,t)=-\mu_0\displaystyle\sum_{n=1}^{\infty}\frac{b_n}{\sinh k_n(g+h_{\mathrm{m}})}\cosh(k_ny)\cos(k_nx)\end{cases}\tag{2-37}$$

考虑绕组的分布效应，一个极相组由 q 个线圈串联组成，利用叠加原理可求出三相绕组产生的总气隙磁通密度为

$$\begin{cases}B_{x\_\mathrm{coil}}(x,y,t)=k_q q\mu_0\displaystyle\sum_{n=1}^{\infty}\frac{N_{\mathrm{s}}}{n\pi ab_{\mathrm{s}}}\left(\cos\frac{k_nb_{\mathrm{st}}}{2}-\cos\frac{k_nb_{\mathrm{t}}}{2}\right)\frac{\sinh(k_ny)}{\sinh k_n(g+h_{\mathrm{m}})}\cdot\\ \qquad\{i_{\mathrm{a}}(t)\sin(k_nx)+i_{\mathrm{b}}(t)\sin[k_n(x-b_{\mathrm{st}})]+i_{\mathrm{c}}(t)\sin[k_n(x-2b_{\mathrm{st}})]\}\\[2ex]B_{y\_\mathrm{coil}}(x,y,t)=-k_q q\mu_0\displaystyle\sum_{n=1}^{\infty}\frac{N_{\mathrm{s}}}{n\pi ab_{\mathrm{s}}}\left(\cos\frac{k_nb_{\mathrm{st}}}{2}-\cos\frac{k_nb_{\mathrm{t}}}{2}\right)\frac{\cosh(k_ny)}{\sinh k_n(g+h_{\mathrm{m}})}\cdot\\ \qquad\{i_{\mathrm{a}}(t)\cos(k_nx)+i_{\mathrm{b}}(t)\cos[k_n(x-b_{\mathrm{st}})]+i_{\mathrm{c}}(t)\cos[k_n(x-2b_{\mathrm{st}})]\}\end{cases}\tag{2-38}$$

式中　$i_{\mathrm{a}}(t)=\sqrt{2}I\cos(\omega t+t_0)$；

$i_{\mathrm{b}}(t)=\sqrt{2}I\cos\left(\omega t-\dfrac{2\pi}{3}+t_0\right)$；

$i_{\mathrm{c}}(t)=\sqrt{2}I\cos\left(\omega t-\dfrac{4\pi}{3}+t_0\right)$。

2.4　齿槽效应与斜极效应的磁场分析

无槽 PMSLM 永磁体励磁磁场和电枢反应磁场的分析是有铁心 PMSLM 磁场解析的基础。有铁心 PMSLM 电枢铁心开齿槽结构，改变了气隙磁场的分布，使齿部和槽部的气隙磁阻发生相应变化。斜槽、斜极或类 V 形斜极永磁体结构 PMSLM 气隙磁场在横向方向上也发生显著畸变。因此，引入气隙相对磁导分布函数和斜极永磁体参数等效转换表达式，表征齿槽效应和斜极效应对气隙磁场的影响，解析斜极有铁心 PMLSM 磁场分布。表 2-3 为斜极有铁心 PMLSM 的主要参数，该电机由 5 个 4 极 3 槽的单元电机组成。

表 2-3　斜极有铁心 PMLSM 的主要参数

参　数	数　值	参　数	数　值
极数 $2p$	20	槽数 Q	15
极距 τ/mm	12	槽宽 b_s/mm	10
永磁体高度 h_m/mm	4.2	槽深 h_s/mm	21
永磁体轴向长度 L/mm	60	槽距 b_{st}/mm	16
永磁体宽度 τ_m/mm	8	每相串联匝数 N	675
永磁体倾斜长度 ξ/mm	3.9	并联支路数 a	1
永磁体剩磁 B_r/T	1.36	铁心叠厚 L_{ef}/mm	56
气隙长度 g/mm	0.6	边端齿宽 b_{t0}/mm	5.5

2.4.1　齿槽效应

为了分析齿槽效应的影响，建立了基于许-克变换的电枢开槽后的分析模型，得出气隙相对磁导分布函数。

建立单个槽的齿槽效应分析模型，为了运用许-克变换，做如下假设：

（1）槽深为无限深。

（2）铁心磁导率为无穷大，初级、次级两表面均为等磁位面，一面磁位为 0，另一面为 Ω_0。

如图 2-12 所示，b_s 为槽宽，g'为等效气隙长度，先用许-克变换把 z 平面变换到 w 平面，再用对数变换把 w 平面变换到 t 平面，在 t 平面内磁场是规则的。

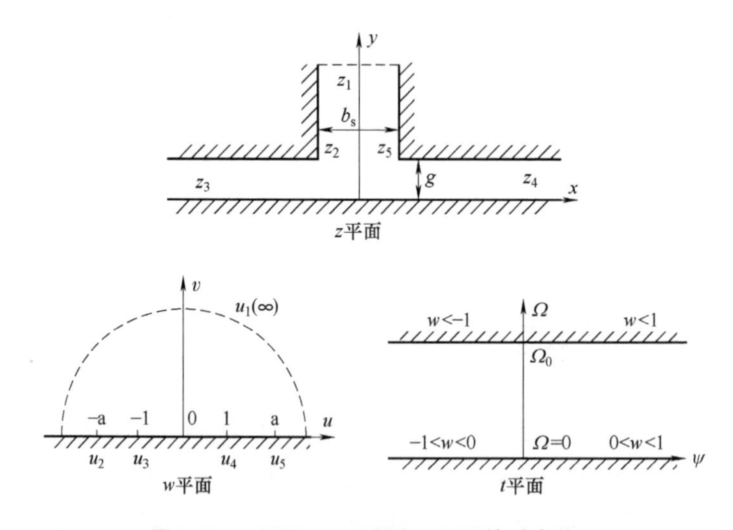

图 2-12　z 平面、w 平面和 t 平面的对应关系

电机开槽使得气隙磁阻增大，单位轴向长度内的磁通量减少，引入卡氏系数 k_c，但永磁体与机械气隙的合成高度应转换为等效气隙 $g' = g + h_m/\mu_r$，上述假设永磁体的相对磁导率

$\mu_r=1$，可得等效气隙 $g'=g+h_m$。其中

$$k_c=\left[1-\frac{b_s}{b_{st}}+\frac{4g'}{\pi b_{st}}\ln\left(1+\frac{\pi b_{st}}{4g'}\right)\right]^{-1} \tag{2-39}$$

式中　b_{st}——电机槽距。

单个槽时气隙磁导为

$$\lambda'(x,y)=\begin{cases}\dfrac{\mu_0}{g'}\left[1-\beta(y)-\beta(y)\cos\left(\dfrac{\pi x}{0.8b_s}\right)\right] & |x|\leqslant 0.8b_s\\ \dfrac{\mu_0}{g'} & 0.8b_s\leqslant |x|\leqslant 0.5b_{st}\end{cases} \tag{2-40}$$

式中　μ_0——真空磁导率；

$\beta(y)=(B_{max}-B_{min})/(2B_{max})$。

表 2-4 为 z 平面和 w 平面的对应关系，z-w 平面间的许-克变换为

$$\frac{dz}{dw}=S(w+\alpha)^{\frac{1}{2}}(w+1)^{-1}(w-1)^{-1}(w-\alpha)^{\frac{1}{2}}=S\frac{\sqrt{w^2-\alpha^2}}{w^2-1} \tag{2-41}$$

表 2-4　z 平面和 w 平面的对应关系

z 平面		多边形内角	w 平面	
点	坐标		点	坐标
z_1	$\pm b_s/2+j\infty$		w_1	$\pm\infty$
z_2	$-b_s/2+jg'$	$3\pi/2$	w_2	$-a$
z_3	$-\infty$	0	w_3	-1
	$-\infty+jg'$			
z_4	∞	0	w_4	1
	$\infty+jg'$			
z_5	$b_s/2+jg'$	$3\pi/2$	w_5	a

积分求得

$$z=\frac{b_s}{\pi}\left(\arcsin\frac{w}{\alpha}+\frac{g}{b_s}\ln\frac{\sqrt{\alpha^2-w^2}+\dfrac{2g'}{b_s}w}{\sqrt{\alpha^2-w^2}-\dfrac{2g'}{b_s}w}\right) \tag{2-42}$$

式中，$\alpha^2=1+\left(\dfrac{2g'}{b_s}\right)^2$。

再利用对数变化，把 w 平面变换到 t 平面。

$$t=\psi+j\Omega=\frac{\Omega_0}{\pi}\ln\frac{1+w}{1-w} \tag{2-43}$$

从而实现 z 平面内的磁场变换到 t 平面内的规则磁场。

距槽口无限远处的磁感应强度为最大值

$$B_{\max}=\frac{\mu_0\Omega_0}{g'} \tag{2-44}$$

槽的中心线处为最小磁感应强度为

$$B_{\min}=\mu_0\frac{\Omega_0}{g'}\frac{1}{\sqrt{1+\left(\frac{b_s}{2g'}\right)^2(1+v^2)}} \tag{2-45}$$

由式（2-44）和式（2-45）可得

$$\beta(y)=\frac{B_{\max}-B_{\min}}{2B_{\max}}=\frac{1}{2}\left(1-1\Big/\sqrt{1+\left(\frac{b_s}{2g'}\right)^2(1+v^2)}\right) \tag{2-46}$$

其中，v 的值通过下式得出：

$$y\frac{\pi}{b_s}=\frac{1}{2}\ln\left[\frac{\sqrt{\alpha^2+v^2}+v}{\sqrt{\alpha^2+v^2}-v}\right]+\frac{2g'}{b_s}\arctan\frac{2g'}{b_s}\frac{v}{\sqrt{\alpha^2+v^2}} \tag{2-47}$$

根据电机位置的不同，可以求出其相应的气隙磁导函数。

因此，单个槽时相对磁导分布函数为

$$\lambda(x,y)=\frac{\lambda'(x,y)}{\mu_0/g'}\qquad 0\leqslant y\leqslant h_m+g \tag{2-48}$$

忽略相邻槽之间的影响，则整个电机的气隙相对磁导分布是以槽距 b_{st} 为周期的周期函数，然后将式（2-48）进行傅里叶分解为

$$\lambda(x,y)=a_0+\sum_{n=1}^{\infty}a_n\cos\left[\frac{2\pi}{b_{st}}n(x+b_{sa})\right] \tag{2-49}$$

$$a_0=\frac{1}{k_c}\left[1-1.6\frac{b_0}{b_{st}}\beta(y)\right] \tag{2-50}$$

$$a_n=-\frac{4}{n\pi}\beta(y)\left[0.5+\frac{(nb_0/b_{st})^2}{0.78125-2(nb_0/b_{st})^2}\right]\sin\left(1.6n\pi\frac{b_0}{b_{st}}\right) \tag{2-51}$$

式中　b_{sa}——槽中心线与 A 相绕组轴线距离。

根据表 2-3 的电机参数，由式（2-49）可得出，当槽宽 b_s 为 8mm 和 10mm 时，永磁体表面、气隙中心线和初级齿表面的相对磁导分布如图 2-13 所示。气隙相对磁导分布函数以槽距为周期变化，距离初级齿表面越近，电机的相对磁导分布的变化幅度增大，说明齿槽效应的影响越明显；当槽宽 b_s 增大时，电机的相对磁导分布函数最大值与最小值也随之减小，说明齿槽的影响越显著。

图 2-14 为气隙相对磁导与电机槽宽的关系，为平衡电负荷和磁负荷，设计槽宽不宜过大或过小，取 $7.6\text{mm}\leqslant b_s\leqslant 12.6\text{mm}$。当槽宽增大时，气隙相对磁导的最大值和最小值呈减少趋势，但是当槽宽 $b_s=10.2\text{mm}$ 时，气隙相对磁导的变化幅度出现最大值，说明此时齿表面和槽开口处的磁阻相差最大，齿槽效应影响显著。实际电机设计时，需要综合考虑气隙相对磁导分布、磁负荷、电负荷、电磁力特性等因素，合理地选择槽宽等电机参数。

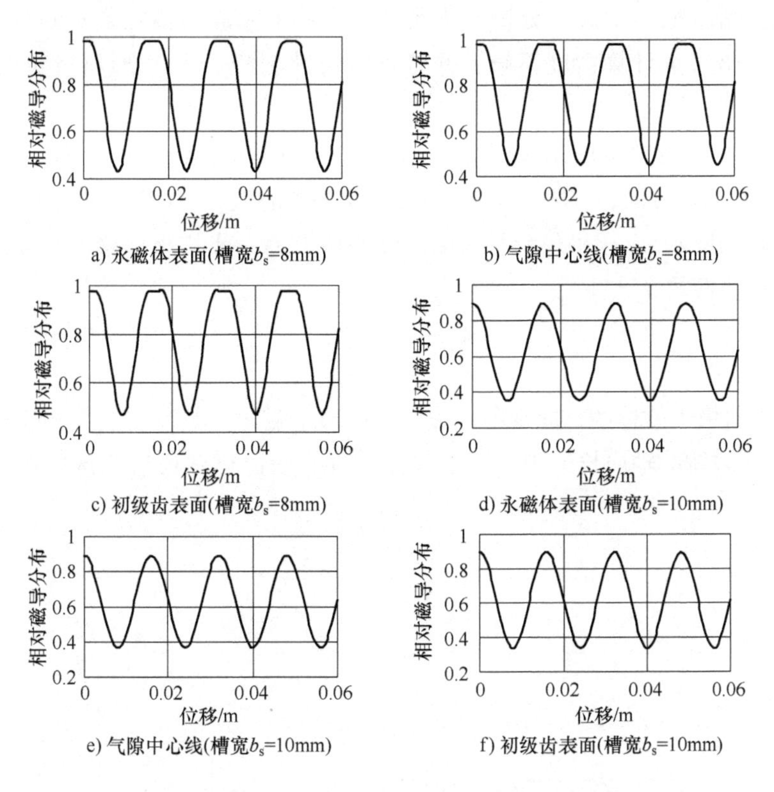

图 2-13　气隙相对磁导分布函数

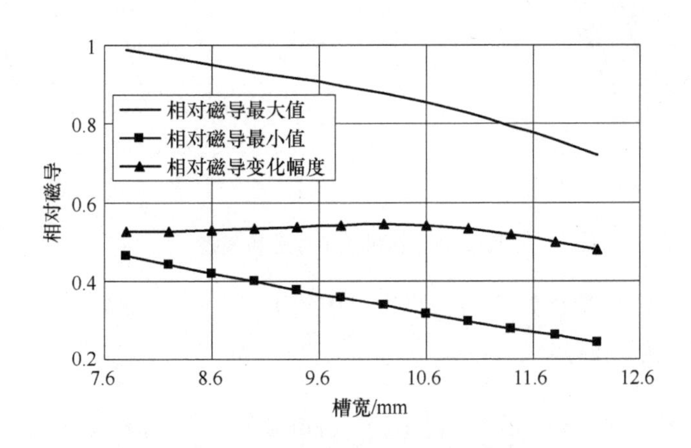

图 2-14　气隙相对磁导与电机槽宽的关系

2. 4. 2　斜极效应

为了分析齿槽效应的影响，建立了基于许-克变换的电枢开槽后的分析模型，得出气隙相对磁导分布函数。

有铁心直线电机常采用斜极或斜槽方法减少齿槽定位力，削弱谐波反电动势。永磁体斜极时，电机各个参数都发生变化，需通过斜极转换计算斜极后的齿槽定位力、感应电动势、电磁推力等参数。常规的分析方法通过引入一个基波斜槽因数重新计算绕组因数，没有考虑高次谐波，其计算精度不够，并且不能反映斜极、类 V 形斜极对电机参数的影响规律。

图 2-15a 为斜极永磁体的三维视图，定义 x 方向为电机初级行进方向，y 方向为法向，z 方向为初级铁心轴向方向，AOB 为未倾斜永磁体的中心线，$A'OB'$为斜极后永磁体的中心线，永磁体倾斜长度AA'，永磁体斜极后中心线 AOB 任意一点横坐标移动的距离为$s(z)$，当 $2AA'=\tau_m$ 时，斜极系数 $S_r=1$。

$$S_r=\frac{2AA'}{\tau_m} \qquad 0\leqslant S_r\leqslant 1 \tag{2-52}$$

图 2-15b 为斜极永磁体的 y 向视图，虚线为矩形永磁体，黑色实线为斜极永磁体，永磁体宽度为 τ_m，永磁体的轴向长度为 L_m。在 x 轴方向，永磁体斜极后任意一点横坐标的位移 $s(z)$ 可表示为

$$s(z)=\frac{S_r\tau_m}{L_m}z=\xi\frac{z}{L_m} \tag{2-53}$$

式中，$\xi=S_r\tau_m$。

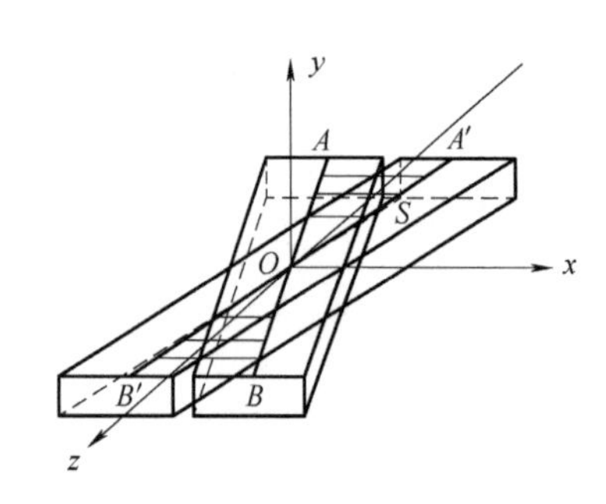

a) 斜极永磁体的三维视图

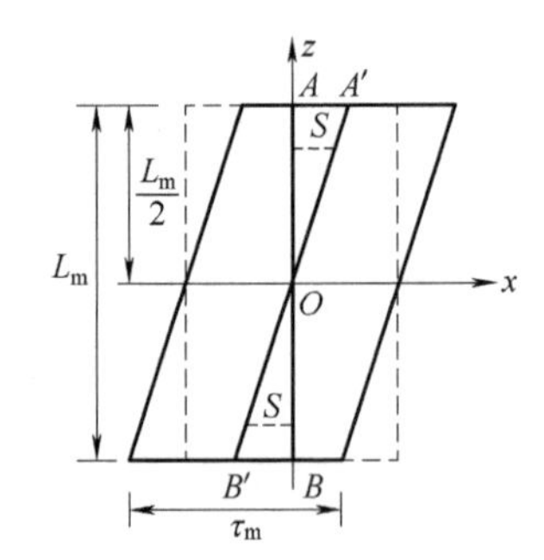

b) 斜极永磁体的y向视图

图 2-15　斜极永磁体分析模型

永磁体矩形时，电机参数为$f(x)$；当永磁体斜极时，中心线 AOB 上的参数移动到$A'OB'$上，参数$f(x)$ 变化为 $F_s(x)$

$$F_s(x)=\frac{1}{L_m}\int_{-\frac{L_m}{2}}^{\frac{L_m}{2}}f\left(x-\frac{S_r\tau_m}{L_m}z\right)\mathrm{d}z=\frac{1}{\xi}\int_{x-\frac{\xi}{2}}^{x+\frac{\xi}{2}}f(s_L)\,\mathrm{d}s_L \tag{2-54}$$

式中，$s_L=x-s(z)$。

次级永磁体采用斜极结构，受齿槽效应影响的电机气隙相对磁导分布函数不变化，但光滑电枢下由永磁体产生的气隙磁场在 z 轴方向发生改变，折算到二维 xOy 平面的等效气隙磁通密度法向分量为

$$B_{y\_skew}(x,y)=\frac{1}{\xi}\int_{x-\frac{\xi}{2}}^{x+\frac{\xi}{2}}B_y(s_L,y)\,\mathrm{d}s_L \tag{2-55}$$

式中　B_y——光滑电枢下由永磁体产生的气隙磁通密度法向分量。

同理可得，式（2-54）也适应于斜槽转换。当初级铁心采用斜槽结构，电机的气隙相对磁导分布在 z 轴方向发生改变，折算到二维 xOy 平面的等效气隙相对磁导分布函数可表示为

$$
\begin{aligned}
\lambda_s(x,y) &= \frac{1}{\xi}\int_{x-\frac{\xi}{2}}^{x+\frac{\xi}{2}}\left[a_0+\sum_{n=1}^{\infty}a_n\cos\left[\frac{2\pi n}{b_\tau}(s_L+b_{ts})\right]\right]\mathrm{d}s_L \\
&= a_0+\sum_{n=1}^{\infty}\frac{a_n b_\tau}{\pi n\xi}\sin\left(\frac{\pi n\xi}{b_\tau}\right)\cos\left[\frac{2\pi n}{b_\tau}(x+b_{ts})\right]
\end{aligned}
\tag{2-56}
$$

式中，$\xi=S_r b_{ts}$；$S_r=\dfrac{2AA'}{b_{ts}}$。

其中　b_{ts}——齿宽。

除了斜极或斜槽方法外，采用类 V 形斜极永磁体结构形式也是减少齿槽定位力、谐波电动势的途径之一。图 2-16a 为类 V 形斜极永磁体的三维视图，定义 x 方向为电机初级行进方向，y 方向为法向，z 方向为初级铁心轴向方向，AOB 为未倾斜永磁体的中心线，$A'OB'$为类 V 形斜极永磁体的中心线，单侧永磁体倾斜长度 AA'。图 2-16b 为类 V 形斜极永磁体的 y 向视图，虚线为矩形永磁体，黑色实线为类 V 形斜极永磁体，永磁体宽度为 τ_m，永磁体的轴向长度为 L_m，单侧永磁体的轴向长度为 $L_m/2$，永磁体斜极后中心线 AOB 任意一点横坐标移动的距离为 $s(y)$ 或 $s'(y)$。

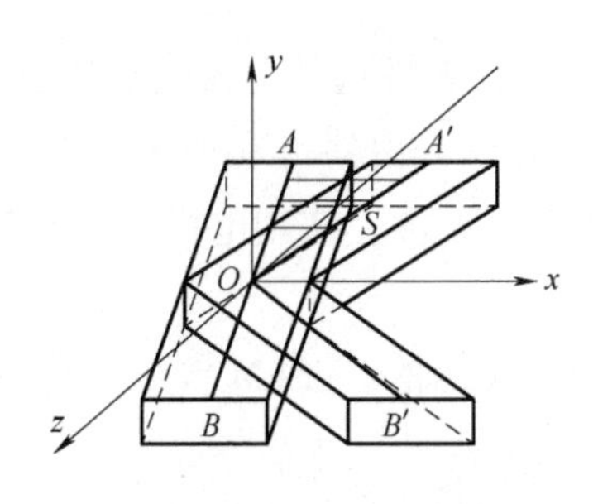

a) 类V形斜极永磁体的三维视图

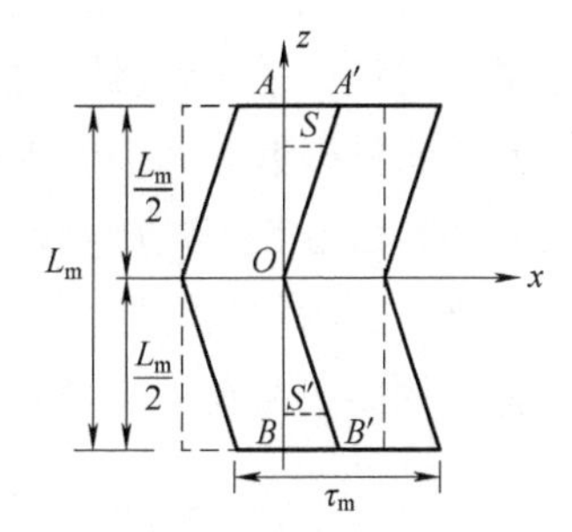

b) 类V形斜极永磁体的y向视图

图 2-16　类 V 形斜极永磁体分析模型

在 x 轴方向，上半部分永磁体斜极后任意一点横坐标位移 $s(z)$ 可表示为

$$
s(z)=\frac{S_r\tau_m}{L_m}z=\xi\frac{z}{L_m}\qquad z\geqslant 0 \tag{2-57}
$$

式中，$\xi=S_r\tau_m$。

同理，可得下半部分永磁体斜极后任意一点横坐标位移 $s'(y)$

$$
s'(z)=\frac{S_r\tau_m}{L_m}(-z)=-\xi\frac{z}{L_m}\qquad z\leqslant 0 \tag{2-58}
$$

设类 V 形斜极永磁体的电机参数为 $f(x)$；当采用对称类 V 形斜极永磁体时，中心线 AOB 上的参数移动到 $A'OB'$上，参数 $f(x)$ 变化为 $F_V(x)$

$$F_{\mathrm{V}}(x)=\frac{2}{L_{\mathrm{m}}}\left[\int_{0}^{\frac{L_{\mathrm{m}}}{2}}f\left(x-\frac{S_{\mathrm{r}}\tau_{\mathrm{m}}}{L_{\mathrm{m}}}z\right)\mathrm{d}z+\int_{-\frac{L_{\mathrm{m}}}{2}}^{0}f\left(x+\frac{S_{\mathrm{r}}\tau_{\mathrm{m}}}{L_{\mathrm{m}}}z\right)\mathrm{d}z\right]$$
$$=\frac{2}{\xi}\left[\int_{x-\frac{\xi}{2}}^{x}f(s_L)\,\mathrm{d}s_L+\int_{x-\frac{\xi}{2}}^{x}f(s'_L)\,\mathrm{d}s'_L\right] \tag{2-59}$$

式中，$s_L=x-s(z)$；$s'_L=x-s'(z)$。

因此，次级永磁体采用对称类V形斜极结构，受齿槽效应影响的电机气隙相对磁导分布函数不变化，但光滑电枢下由永磁体产生的气隙磁场在z轴方向发生改变，折算到二维xOy平面的等效气隙磁通密度法向分量为

$$B_{y\_\mathrm{V}}(x,y)=\frac{2}{\xi}\left[\int_{x-\frac{\xi}{2}}^{x}B_y(s_L,y)\,\mathrm{d}s_L+\int_{x-\frac{\xi}{2}}^{x}B_y(s'_L,y)\,\mathrm{d}s'_L\right] \tag{2-60}$$

式中　B_y——光滑电枢下由永磁体产生的气隙磁通密度法向分量。

同理可得，式（2-59）也适应于类V形斜槽转换。当初级铁心采用类V形斜槽结构，电机的气隙相对磁导分布在z轴方向发生改变，折算到二维xOy平面的等效气隙相对磁导分布函数可表示为

$$\lambda_{\mathrm{s}}(x,y)=2a_0+\sum_{n=1}^{\infty}\frac{4a_nb_\tau}{\pi n\xi}\sin\left(\frac{\pi n\xi}{2b_\tau}\right)\cos\left[\frac{2\pi n}{b_\tau}\left(x-\frac{\xi}{4}+b_{\mathrm{sa}}\right)\right] \tag{2-61}$$

式中，$\xi=S_{\mathrm{r}}b_{\mathrm{ts}}$；$S_{\mathrm{r}}=\dfrac{2AA'}{b_{\mathrm{ts}}}$。

由上述推导可得，采用斜极或类V形斜极永磁体结构，电机相关参数在z轴方向发生变化。与引入基波斜槽因数计算绕组因数的常规分析方法相比，由斜极和类V形斜极永磁体分析模型得出的斜极参数等效转换表达式，全面考虑各高次谐波，实现电机相关参数从三维空间折算到二维平面的等效转换。

当永磁体采用斜极结构时，结合式（2-10），得到斜极无槽PMSLM等效空载气隙磁通密度分布为

$$B_{x1\_\mathrm{skew}}=\frac{1}{\xi}\int_{x-\frac{\xi}{2}}^{x+\frac{\xi}{2}}\sum_{n=1,3,5,\cdots}^{\infty}m_n[A_{n1}\cosh(m_ny)+B_{n1}\sinh(m_ny)]\cos(m_ns_L)\,\mathrm{d}s_L$$
$$=\frac{2}{\xi}\sum_{n=1,3,5,\cdots}^{\infty}[A_{n1}\cosh(m_ny)+B_{n1}\sinh(m_ny)]\sin\left(m_n\frac{\xi}{2}\right)\cos(m_nx) \tag{2-62}$$

$$B_{y1\_\mathrm{skew}}=-\frac{1}{\xi}\int_{x-\frac{\xi}{2}}^{x+\frac{\xi}{2}}\sum_{n=1,3,5,\cdots}^{\infty}m_n[A_{n1}\sinh(m_ny)+B_{n1}\cosh(m_ny)]\sin(m_ns_L)\,\mathrm{d}s_L$$
$$=-\frac{2}{\xi}\sum_{n=1,3,5,\cdots}^{\infty}[A_{n1}\sinh(m_ny)+B_{n1}\cosh(m_ny)]\sin\left(m_n\frac{\xi}{2}\right)\sin(m_nx) \tag{2-63}$$

对于有铁心PMSLM，电枢开有一系列齿、槽，暂不考虑铁心磁饱和，斜极永磁体有铁心PMSLM由永磁体产生的磁场为：斜极永磁体无槽PMSLM的永磁体励磁磁场与电枢开槽引起的气隙相对磁导函数的乘积。

设某个槽中心线与永磁体q轴对齐时，时间$t=0$，v为直线速度，电机初级行进在各个

位置对应的时间为 t，参考式（2-10），矩形永磁体产生的气隙磁通密度为

$$\begin{cases} B_{x1\_k}=B_{x1}(x,y)\lambda(x-vt,y) & h_{\mathrm{m}}\leqslant y\leqslant h_{\mathrm{m}}+g \\ B_{y1\_k}=B_{y1}(x,y)\lambda(x-vt,y) & h_{\mathrm{m}}\leqslant y\leqslant h_{\mathrm{m}}+g \end{cases} \tag{2-64}$$

图 2-17 为采用解析法和有限元法求得的矩形永磁体有铁心 PMSLM 的空载气隙磁通密度分布。暂不考虑纵向端部效应的影响，仿真模型为长初级、短次级类型，其气隙磁通密度以一个单元电机的总长度 48mm 为周期波动，由于许-克变换默认槽深为无限深，并且忽略了槽深和相邻槽之间影响，解析结果与有限元仿真结果存在一定的误差，但是总体上解析法和二维有限元法得到的气隙磁通密度分布曲线吻合度较高，验证了所提的解析法的正确性和可行性。

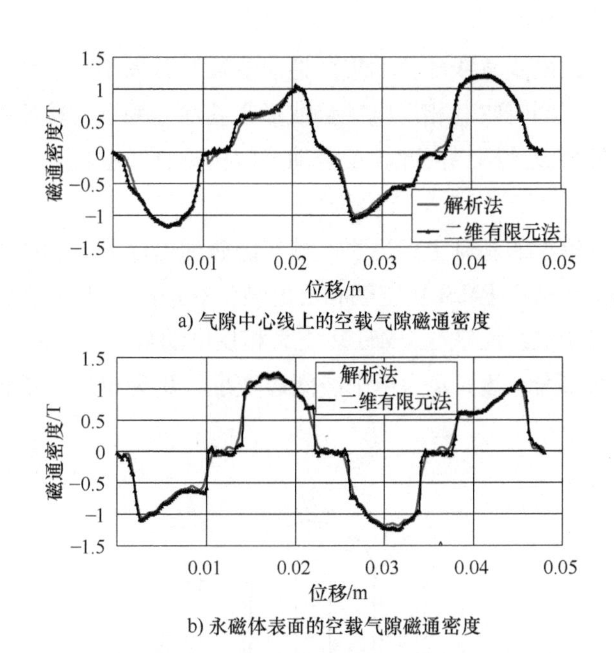

a) 气隙中心线上的空载气隙磁通密度

b) 永磁体表面的空载气隙磁通密度

图 2-17　矩形永磁体有铁心 PMSLM 空载气隙磁通密度

对于斜极有铁心 PMSLM，兼顾齿槽效应和斜极效应，把三维空间磁通密度分布折算到二维 xOy 平面的等效磁通密度分布，其气隙区域等效磁通密度为

$$\begin{cases} B_{x1\_k}=B_{x1\_\mathrm{skew}}(x,y)\lambda(x-vt,y) & h_{\mathrm{m}}\leqslant y\leqslant h_{\mathrm{m}}+g \\ B_{y1\_k}=B_{y1\_\mathrm{skew}}(x,y)\lambda(x-vt,y) & h_{\mathrm{m}}\leqslant y\leqslant h_{\mathrm{m}}+g \end{cases} \tag{2-65}$$

同理，有铁心 PMSLM 电枢反应磁场等效为由无槽 PMSLM 电枢反应磁场与气隙相对磁导函数的乘积，即

$$\begin{cases} B_{x\_\mathrm{dianshu}}(x,y,t)=B_{x\_\mathrm{coil}}(x,y,t)\lambda\left(x-vt+\dfrac{b_{\mathrm{st}}}{2},y\right) \\ B_{y\_\mathrm{dianshu}}(x,y,t)=B_{y\_\mathrm{coil}}(x,y,t)\lambda\left(x-vt+\dfrac{b_{\mathrm{st}}}{2},y\right) \end{cases} \tag{2-66}$$

有铁心 PMSLM 在气隙区域的负载磁场为永磁体产生的磁场和电枢反应磁场相叠加而成。图 2-11 中 A 相绕组轴向为 y 轴，设 A 相绕组轴线与永磁体 x 轴对齐，故斜极有铁心 PMSLM 在气隙区域的负载合成磁场为

$$\begin{cases} B_x=\lambda\left(x-vt+\dfrac{b_{st}}{2},y\right)\left[B_{x1\_skew}(x,y)+B_{x\_coil}(x,y,t)\right] \\ B_y=\lambda\left(x-vt+\dfrac{b_{st}}{2},y\right)\left[B_{y1\_skew}(x,y)+B_{y\_coil}(x,y,t)\right] \end{cases} \tag{2-67}$$

2.5 空载反电动势的解析

空载反电动势是永磁同步直线电机的重要性能参数，其大小、正弦性畸变率与空载气隙磁通密度分布密切相关，同时空载相反电动势波形正弦性畸变率直接反映永磁同步直线电机特别是无铁心类型的推力波动率。因此，反电动势解析是直线电机电磁力分析中非常重要的一个环节。

在永磁体励磁磁场模型的基础上，通过空载气隙磁通密度分布和电枢绕组电流密度分布推导非重叠和重叠绕组无铁心 PMSLM 空载相反电动势的精确解析式。

首先解析非重叠集中绕组无铁心 PMSLM 空载相反电动势。图 2-18 为非重叠集中绕组平视图，L_{ef}为线圈的直线部分长度，d 为单个线圈边宽度，D 为单个线圈的总宽度，γ 为 I 处的一匝环形线圈的宽度。

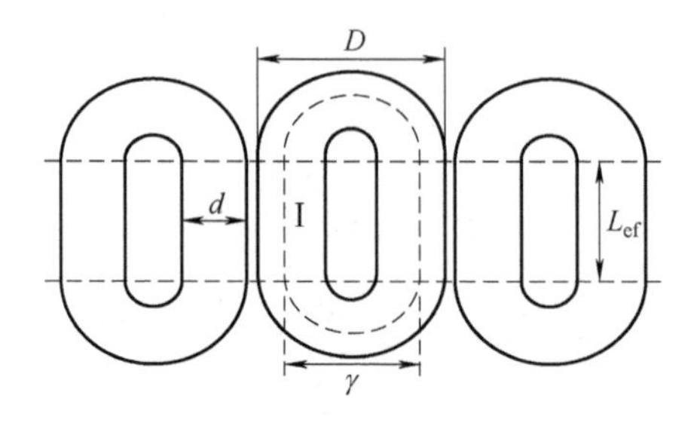

图 2-18　非重叠集中绕组平视图

I 处的一匝线圈的磁链表达式为

$$\psi=-\int_{vt+\frac{D-\gamma}{2}}^{vt+\frac{D+\gamma}{2}}\sum_{n=1}^{\infty}B_{n1}\frac{2\sinh\left(m_n\dfrac{h_c}{2}\right)}{h_c}L_{ef}\sin(m_nx)\,\mathrm{d}x \tag{2-68}$$

对单个线圈的磁链积分可得

$$\psi=-\sum_{n=1}^{\infty}\frac{4B_{n1}L_{ef}N_s}{m_n^2h_cd}\sinh\left(m_n\frac{h_c}{2}\right)\sin\left(m_n\frac{d}{2}\right)\sin\left(m_n\frac{D-d}{2}\right)\sin\left[m_n\left(vt+\frac{D}{2}\right)\right] \tag{2-69}$$

考虑三相绕组的分布效应，空载相反电动势为

$$E_{\text{now}} = -k_q \frac{Q}{3a}\frac{\mathrm{d}\psi}{\mathrm{d}t} \tag{2-70}$$

三相绕组产生的空载感应电动势中除基波外，还会有一系列高次奇数次谐波电动势，即谐波次数 $n=1, 3, 5, \cdots n$。式（2-69）磁链代入式（2-70）化简可得

$$E_{\text{now}} = \sum_{n=1,3,5,\cdots}^{\infty} e_n \tag{2-71}$$

式中，$e_n = \frac{8k_q B_{n1} L_{\text{ef}} N v}{m_n h_{\text{c}} d}\sinh\left(m_n \frac{h_{\text{c}}}{2}\right)\sin\left(m_n \frac{d}{2}\right)\sin\left(m_n \frac{D-d}{2}\right)\cos\left[m_n\left(vt+\frac{D}{2}\right)\right]$。

故,各奇数次谐波电动势的幅值 E_n 为

$$E_n = \frac{8k_q B_{n1} L_{\text{ef}} N v}{m_n h_{\text{c}} d}\sinh\left(m_n \frac{h_{\text{c}}}{2}\right)\sin\left(m_n \frac{d}{2}\right)\sin\left(m_n \frac{D-d}{2}\right) \tag{2-72}$$

当 $n=3, 9, \cdots$时，实际对应空载感应电动势的 3 次谐波、9 次谐波等 3 的倍数次谐波电动势。对于星形联结的三相绕组，不存在 3 次及其倍数谐波电动势，故定义 E_{r} 非重叠绕组 ACPMSLM 的空载感应电动势正弦性畸变率为

$$E_{\text{r}} = \frac{\sqrt{\sum_{n=5,7,11,\cdots}^{\infty} E_n^2}}{E_1} \tag{2-73}$$

高次谐波电动势的存在，使得空载感应电动势波形变差。式（2-71）空载感应电动势解析式既考虑了永磁体结构、尺寸，又兼顾非重叠集中绕组的结构、形状和尺寸等因素，并且包含基波与高次谐波的表达式。

同理，根据重叠绕组拓扑结构，解析重叠集中绕组无铁心 PMSLM 空载相反电动势。如图 2-19 所示，b_{t} 为每个虚槽的宽度，b 为重叠绕组一个线圈边宽度，虚线处一匝线圈的磁链表达式如下：

$$\psi = \int B \cdot \mathrm{d}S = \frac{1}{h_{\text{c}}}\int_{vt+b_{\text{t}}-\frac{\lambda}{2}}^{vt+b_{\text{t}}+\frac{\lambda}{2}} B_{y1} L_{\text{ef}} \mathrm{d}x \tag{2-74}$$

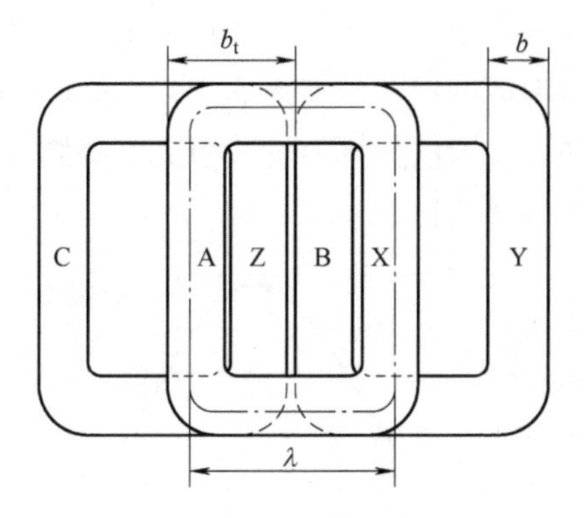

图 2-19　重叠集中绕组平视图

故单个重叠绕组的磁链积分可得

$$\psi=-\sum_{n=1}^{\infty}\frac{4L_{\mathrm{ef}}N_{\mathrm{s}}B_{n1}}{bh_{\mathrm{c}}m_n^2}\sinh\left(m_n\frac{h_{\mathrm{c}}}{2}\right)\sin\left[m_n\left(\frac{b}{2}\right)\right]\sin\left[m_n\left(\frac{3b_{\mathrm{t}}}{4}\right)\right]\sin\left[m_n\left(vt+\frac{3b_{\mathrm{t}}}{4}+\frac{b}{2}\right)\right] \tag{2-75}$$

考虑三相绕组分布效应，空载反电动势为

$$E_{\mathrm{ow}}=-k_q\frac{Q}{3a}\frac{\mathrm{d}\psi}{\mathrm{d}t} \tag{2-76}$$

三相绕组产生的空载感应电动势中除基波外，还会有一系列高次奇数次谐波电动势，即谐波次数 $n=1,3,5,\cdots$。由式（2-75）和式（2-76）可得

$$E_{\mathrm{ow}}=\sum_{n=1,3,5,\cdots}^{\infty}e_n \tag{2-77}$$

式中，$e_n=\frac{8k_qL_{\mathrm{ef}}NvB_{n1}}{bh_{\mathrm{c}}m_n}\sinh\left(m_n\frac{h_{\mathrm{c}}}{2}\right)\sin\left(m_n\frac{b}{2}\right)\sin\left(m_n\frac{3b_{\mathrm{t}}}{4}\right)\cos m_n\left(vt+\frac{3b_{\mathrm{t}}}{4}+\frac{b}{2}\right)$

故，各奇数次谐波电动势的幅值 E_n 为

$$E_n=\frac{8k_qL_{\mathrm{ef}}NvB_{n1}}{bh_{\mathrm{c}}m_n}\sinh\left(m_n\frac{h_{\mathrm{c}}}{2}\right)\sin\left(m_n\frac{b}{2}\right)\sin\left(m_n\frac{3b_{\mathrm{t}}}{4}\right) \tag{2-78}$$

当 $n=3,9,\cdots$时，实际对应空载感应电动势的 3 次谐波、9 次谐波等 3 的倍数谐波电动势。对于星形联结的三相绕组，不存在 3 次及其倍数谐波电动势，故重叠绕组 ACPMSLM 的空载感应电动势正弦性畸变率为

$$E_{\mathrm{r}}=\frac{\sqrt{\sum_{n=5,7,11,\cdots}^{\infty}e_n^2}}{e_1}\times100\% \tag{2-79}$$

根据表 2-1 的主要参数，研制非重叠集中绕组无铁心 PMSLM 样机。图 2-20 比较了通过式（2-71）计算非重叠绕组无铁心 PMSLM 的空载相反电动势理论解析值和实验测试值，解析结果和实验结果非常接近，解析法的最大相对误差低于 3.0%。解析法计算的空载相反电动势常数为 $K_{\mathrm{E}}=17.1\mathrm{V/(m/s)}$，实验结果计算的空载相反电动势常数为 $K_{\mathrm{E}}=16.6\mathrm{V/(m/s)}$，解析值比实验值略大，存在误差可能的原因是二维磁场解析模型忽略了横向端部效应使气隙磁通密度分布沿横向方向的衰减现象。表 2-5 为理论分析、实验测试的空载相反电动势傅里叶分解结果，两者基波、各次谐波的最大误差为 3.2%。由于三相绕组接成星形，不计 3 次及其倍数谐波的影响，解析法和实验法计算的空载相反电动势的正弦性畸变率 E_{r} 基本一致，证实了磁场分析方法的正确性和普适性。

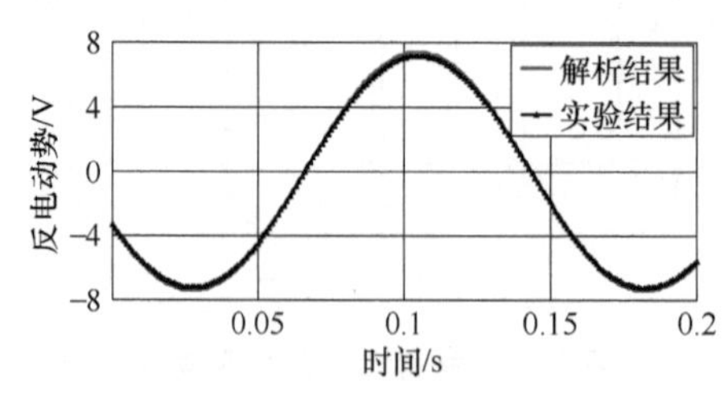

图 2-20　采用理论分析、实验分析的空载相反电动势比较

表 2-5　空载相反电动势傅里叶分解结果

	理论分析波形	实验测试波形
基波/V	7.49	7.26
3 次谐波/V	0.0667	0.0647
5 次谐波/V	0.00122	0.00119
7 次谐波/V	0.00147	0.00143
9 次谐波/V	0.00162	0.00157
11 次谐波/V	0.00134	0.00130
…	…	…
E_r	0.036%	0.038%

在解析斜极有铁心 PMSLM 永磁体励磁磁场的基础上，根据电枢绕组电流密度分布推导斜极有铁心 PMSLM 空载反电动势的精确解析式。图 2-21 为 4 极 3 槽单元电机的电枢绕组平视图，L_{ef}为铁心叠片厚度，b_{st}为槽距，b_t 为齿宽，b_s 为槽宽，γ 为 I 处一匝线圈的宽度。

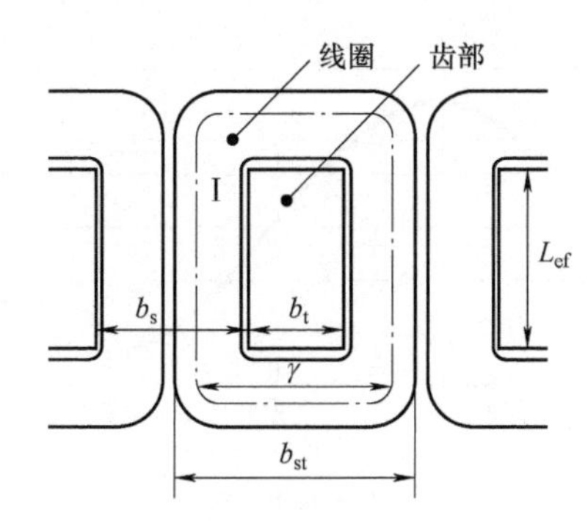

图 2-21　4 极 3 槽单元电机的电枢绕组平视图

参考式（2-68），I 处的一匝线圈磁链表达式为

$$\psi_1(t,\gamma)=\int_{vt+\frac{b_{st}-\gamma}{2}}^{vt+\frac{b_{st}+\gamma}{2}}\sum_{n=1}^{\infty}B_{y1\_skew}(x,y)\lambda(x-vt,y)L_{ef}\mathrm{d}x \tag{2-80}$$

单个线圈组的磁链积分为

$$\psi(t)=\int_{b_t}^{b_{ts}}\psi_1(t,\gamma)\mathrm{d}\gamma \tag{2-81}$$

对于 4 极 3 槽的分数槽集中绕组，每个线圈组仅绕在一个齿上，即线圈节距为 1，其短距系数为

$$k_p=\sin\left(\frac{\pi}{2}\frac{y}{mq}\right) \tag{2-82}$$

考虑分数槽绕组的分布效应，一个极相组由 q 个线圈串联组成，每个线圈电动势相量的相位差为 ε 角，每个极相组的合成电动势 E_q 为 q 个线圈的电动势相量的相量和，分布因数 k_q 为

$$k_q = \sin\frac{q\varepsilon}{2}\Big/\left(q\sin\frac{\varepsilon}{2}\right) \tag{2-83}$$

故斜极有铁心 PMSLM 空载相反电动势的表达式为

$$E = -k_p k_q \frac{Q}{3a}\frac{\mathrm{d}\psi(t)}{\mathrm{d}t} \tag{2-84}$$

代入表 2-3 相关参数，通过计算空载相反电动势，由于空载气隙磁通密度解析值与实际值存在较大的误差，使解析法得出的空载相反电动势波形畸变率偏大，由基波计算的空载相反电动势常数为 $K_E = 47.2\mathrm{V/(m/s)}$，比有限元仿真值和实验值偏大。

根据表 2-3 的参数，研制斜极有铁心 PMSLM 样机。由于解析法得到空载相反电动势存在较大的误差，为验证电机样机设计，采用二维有限元法和实验法比较空载相反电动势波形。如图 2-22 所示，两者波形的最大相对误差小于 4.2%；有限元法计算的空载相反电动势常数为 $K_E = 46\mathrm{V/(m/s)}$，试验法计算的空载相反电动势常数为 $K_E = 44.2\mathrm{V/(m/s)}$，存在误差的主要原因为：二维有限元法忽略了横向端部效应和外悬效应，样机设计外悬长度为 2mm，外悬效应增强了横向端部区域气隙磁通密度。

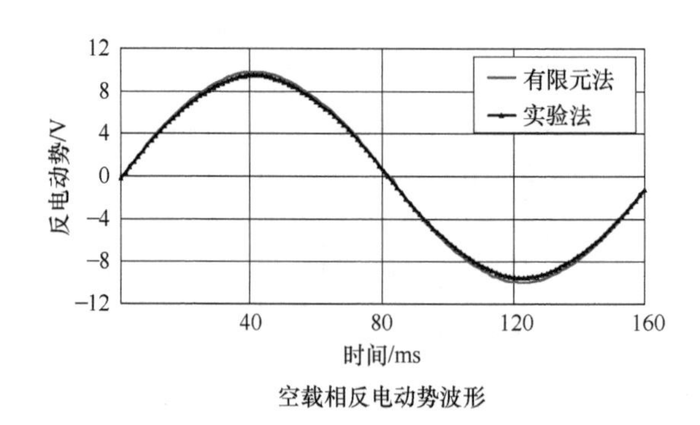

图 2-22　采用二维有限元法和实验法的空载相反电动势波形比较

参考文献

[1] KIM S, HONG J, KIM Y, et al. Optimal design of slotless-type PMLSM considering multiple responses by response surface methodology [J]. IEEE Transactions on Magnetics, 2006, 42 (4): 1219-1222.

[2] KAZAN E, ONAT A. Modeling of air core permanent-magnet linear motors with a simplified nonlinear magnetic analysis [J]. IEEE Transactions on Magnetics, 2011, 47 (6): 1753-1762.

[3] CHAYOPITAK N, TAYLOR D G. Performance assessment of air-core linear permanent-magnet synchronous motors [J]. IEEE Transactions on Magnetics, 2008, 44 (10): 2310-2316.

[4] 王兴华，励庆孚，王曙鸿. 永磁无刷直流电机空载气隙磁场和绕组反电势的解析计算 [J]. 中国电机工程学报，2003，23 (3)：126-130.

[5] 章跃进，江建中，崔巍. 数值解析结合法提高电机磁场后处理计算精度 [J]. 中国电机工程学报，2007，27 (3)：68-72.

[6] KROP D C J, LOMONOVA E A, VANDENPUT A J A, et al. Analytical and numerical techniques for sol-

ving laplace and poisson equations in a tubular permanent magnet actuator：Part Ⅱ. Schwarz-Christoffel mapping [J]. IEEE Transactions on Magnetics，2008，44 (7)：1761-1767.

[7] ZHU Z Q，HOWE D. Instantaneous magnetic field distribution in brushless permanent magnet dc motors Part Ⅰ：open-circuit field [J]. IEEE Transactions on Magnetics，1993，29 (1)：124-135.

[8] ZHU Z Q，HOWE D. Instantaneous magnetic field distribution in brushless permanent magnet dc motors Part Ⅱ：armature-reaction field [J]. IEEE Transactions on Magnetics，1993，29 (1)：136-142.

[9] ZHU Z Q，HOWE D. Instantaneous magnetic field distribution in brushless permanent magnet dc motors Part Ⅲ：effect of stator slotting [J]. IEEE Transactions on Magnetics，1993，29 (1)：143-151.

[10] ZHU Z Q，HOWE D. Instantaneous magnetic field distribution in brushless permanent magnet dc motors Part Ⅳ：magnetic field on load [J]. IEEE Transactions on Magnetics，1993，29 (1)：152-158.

[11] 汪旭东，袁世鹰，王兆安，等. 永磁直线同步电动机的二维傅里叶解析 [J]. 煤炭学报，1999，24 (4)：411-414.

[12] 王兴华，励庆孚，王曙鸿. 永磁无刷直流电机空载气隙磁场和绕组反电势的解析计算 [J]. 电机工程学报，2003，23 (3)：126-130.

[13] 程明，王运良，叶炬. 集中绕组外转子永磁同步发电机非线性变网络磁路分析 [J]. 东南大学学报，2006，36 (2)：252-256.

[14] 王群京，倪有源，张学，等. 基于三维等效磁网络法计算混合励磁爪极发电机负载特性 [J]. 电工技术学报，2006，21 (6)：96-100.

[15] GYSEN B L J，LOMONOVA E A，PAULIDES J J H. Application of schwarz christoffel mapping to permanent-magnet linear motor analysis [J]. IEEE Transactions on Magnetics，2008，44 (3)：352-359.

[16] GHALAVAND B S，ZADEH S V，ISFAHANI A H. An improved magnetic equivalent circuit model for iron-core linear permanent-magnet synchronous motors [J]. IEEE Transactions on Magnetics，2010，46 (1)：112-120.

Chapter 3

第3章 永磁同步直线电机端部效应分析

3.1 端部效应研究概述

国内外关于直线感应电机端部效应的研究比较成熟，已有相关的专著出版。端部效应使直线感应电机的气隙磁场发生畸变，电机的工作特性和效率都有所降低。文献［1］提出了采用第三气隙系数的方法来分析纵向端部效应的影响，建立了计及端部效应和半填充槽的电机等效电路，适应于二维和三维电磁场的分析。

对于永磁同步直线电机，由于铁心开断结构，产生了特有的纵向端部效应。目前，已有不少学者研究永磁直线电机的纵向端部效应、横向端部效应等对电机磁场的影响及其优化措施。文献［2］对比分析相同极槽配比的永磁旋转电机与永磁同步直线电机的气隙磁场，得出奇数磁极的电机受纵向端部效应影响，气隙磁场形成一大一小两个磁通路径，而偶数磁极的电机气隙磁场为均布的磁通路径。文献［3］提出了一种考虑纵向端部效应和饱和效应的永磁同步直线电机非线性磁路模型，用于计算稳态和瞬态电感值，并提出了磁场相似化方法来减小纵向端部效应：当齿距远小于极距时，采用加大边端齿的宽度和减小边端齿的实际气隙；当极距和齿距相近时，采用减小边端齿的宽度和增大边端齿的实际气隙。文献［4］提出了采用许-克变换分析永磁同步电机横向端部效应，得到横向端部磁场衰减规律，不过遗憾的是，仅分析永磁体和铁心横向长度等长的特殊情况，没有考虑外悬效应对端部磁场畸变的影响。文献［5］提出了在纵向两个端部增加辅助极的方法减少永磁同步直线电机纵向端部效应对端部磁场的影响，通过优化辅助极和隔磁铝的形状、尺寸及相对位置，以实现端部定位力的最小化。文献［6］提出了计及纵向端部效应的初级绕组分段永磁同步直线电机磁场与磁路修正计算方法，分析了通过选择合适的端部磁极尺寸比及次级轭板延伸长度来抑制端部效应对磁场的影响。在端部效应补偿控制的研究方面，文献［7］提出了采用基于位置和电流二维变量的永磁直线电机端部效应推力波动补偿模型的快速查表补偿控制策略，并利用 B 样条神经网络函数的逼近功能对由永磁直线电机端部效应引起的推力波动实现自动建模，在此基础上实现推力波动的自学习补偿。

研究外悬效应的文献多集中于直流无刷电机和轴向励磁同步电机。文献［8］比较分析了非外悬模型和外悬模型的永磁同步旋转电机参数变化，并通过实验方法计算了电机的外悬效应系数。文献［9］通过三维磁网络法研究了无刷直流电机的外悬效应，对比分析对称外悬长度和非对称的外悬比例对电机轴向力的影响规律，但未同时考虑水平推力和法向力的优化设计。文献［10］建立了考虑外悬效应的表贴式永磁体旋转电机等效磁路模型，相比较三维有限元法和准三维有限元法，等效磁路法具有更快的计算速度和较好的计算精度，在此基础上，分析了外悬区域产生的漏磁通和有效外悬长度，最后通过电机样机测试验证了该解析法的有效性。

3.2 纵向端部效应

3.2.1 纵向端部效应静态分析

无铁心 PMSLM 没有铁心，故不存在纵向端部效应。对于短初级、长次级无槽或有铁心永磁同步直线电机，初级铁心长度有限，在行进方向上存在入端和出端。由于铁心开断导致纵向端部气隙磁阻发生显著变化，纵向端部磁场也发生畸变，影响电机定位力、推力波动、法向力波动等特性，被称为纵向端部效应。

为分析纵向端部效应对无槽 PMSLM 纵向端部磁场的影响，采用许-克变换建立纵向端部效应的分析模型。假设铁心磁导率为无穷大，开齿槽的铁心表面磁位为 Ω_0，光滑次级表面磁位为 0，等效气隙长度为 g'。如图 3-1 所示，由于边界上存在两种磁位，因此要进行两次许-克变换，首先把 z 平面变换到 w 平面，再用对数变换把 w 平面变换到 t 平面，在 t 平面内可形成均匀磁场。表 3-1 为 z 平面和 w 平面的对应关系。

表 3-1　z 平面和 w 平面的对应关系

z 平面		多边形内角	w 平面	
点	坐标		点	坐标
A	$jg'/2$	$3\pi/2$	a	-1
B	$-\infty$	0	b	0
	$-\infty+jg'/2$			
C	$+j\infty$ $+\infty$		c	$\pm\infty$

z-w 平面间的许-克变换为

$$\frac{dz}{dw}=S(w+1)^{\frac{1}{2}}w^{-1} \tag{3-1}$$

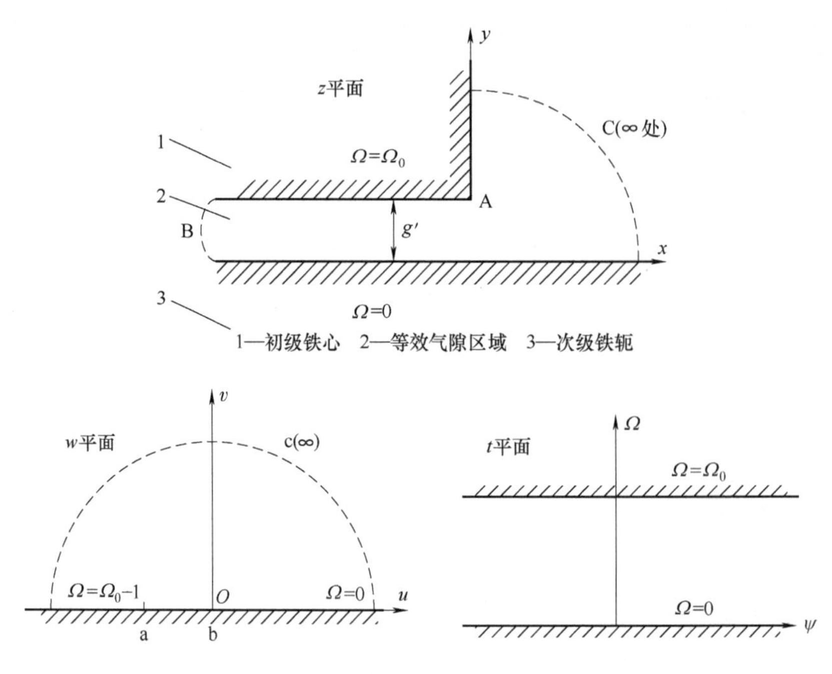

图 3-1 有铁心永磁同步直线电机纵向端部效应分析模型

积分求得

$$z=S\left[2(w+1)^{\frac{1}{2}}+\ln\frac{(w+1)^{\frac{1}{2}}-1}{(w+1)^{\frac{1}{2}}+1}\right]+K \tag{3-2}$$

对于 B 点，在 z 平面内，$\Delta z=-\mathrm{j}g'$；在 w 平面内，$\Delta z=-\mathrm{j}S\pi$，故 $S=g'/\pi$

对于 A 点，$K=0$，因此

$$z=\frac{g'}{\pi}\left[2(w+1)^{\frac{1}{2}}+\ln\frac{(w+1)^{\frac{1}{2}}-1}{(w+1)^{\frac{1}{2}}+1}\right]+K \tag{3-3}$$

再利用对数变化，可得 z 平面和 t 平面之间的变换关系

$$t=\frac{\Omega_0}{\pi}\ln w \tag{3-4}$$

故，任一点的磁感应强度为

$$B=\mu_0\left|\frac{\mathrm{d}t}{\mathrm{d}z}\right|=\mu_0\left|\frac{\mathrm{d}t}{\mathrm{d}w}\frac{\mathrm{d}w}{\mathrm{d}z}\right|=\mu_0\frac{\Omega_0}{g'}\left|\frac{1}{\sqrt{w+1}}\right| \tag{3-5}$$

先不考虑电机的齿槽效应，光滑电枢铁心中部，即 z 平面内的 B 点，磁感应强度为最大值，取此点的磁感应强度作为基值，$B_{\max}=\mu_0\Omega_0/g'$。则端部磁场内的任一点磁感应强度的相对值为

$$\frac{B}{B_{\max}}=\left|\frac{1}{\sqrt{w+1}}\right| \tag{3-6}$$

图 3-2 为纵向端部区域磁感应强度分布曲线$\frac{B}{B_{\max}}=f\left(\frac{x}{g'}\right)$。当 $x=-g'$时，磁感应强度 $B\approx B_{\max}$；靠近电枢铁心的横向边缘，气隙磁感应强度逐步衰减，当 $x=-0.25g'$时，$B=0.95B_{\max}$，磁感应强度衰减到最大值的95%；当 $x=0$ 时，对应于电枢铁心的横向边缘线，即 z 平面内的 A 点，此时磁感应强度为 $B=0.833B_{\max}$。对该曲线进行曲线拟合，常规的指数逼近法得到纵向端部外的磁通密度分布为

$$B_{\text{end}}=B_{\max}\mathrm{e}^{\frac{-x}{g'}}\qquad x\geqslant 0 \tag{3-7}$$

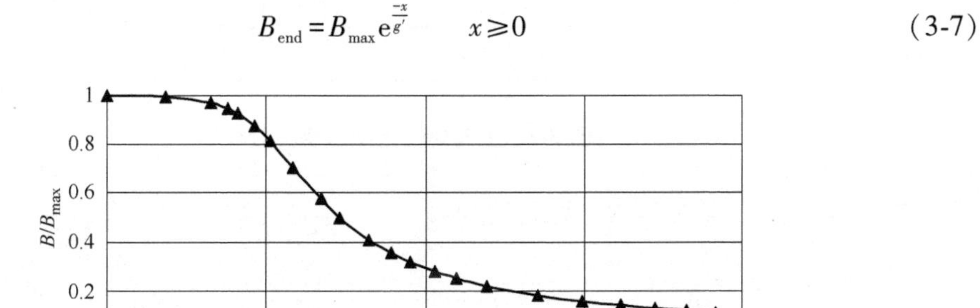

图 3-2　纵向端部区域磁感应强度分布曲线

上述的磁通密度分布不能反映受纵向端部效应影响的初级与次级耦合部分的磁场。采用高斯逼近法得到无槽 PMSLM 精确的纵向端部全区域的磁场分布函数

$$B_{\text{end}}=B_{\max}\left(0.356\mathrm{e}^{-[(x/g'+0.258)/0.648]^2}+16.42\ \mathrm{e}^{-[(x/g'+12.22)/6.579]^2}\right)\qquad x\geqslant -g' \tag{3-8}$$

式中　g'——等效气隙长度。

3.2.2　纵向端部效应动态分析

纵向端部效应常规分析模型没有考虑到动子在运动过程中铁心两端与永磁体之间的气隙磁场分布不断畸变的因素，不能用于分析纵向端部效应的动态变化规律。对于短初级、长次级无槽或有铁心 PMSLM，受纵向端部效应的影响，动子在运动过程中，铁心端部的气隙磁导不断发生改变，使得纵向端部区域的磁场分布随动子位置和时间不断发生变化。因此，为准确研究纵向端部效应对端部磁场的影响规律，需要建立 PMSLM 纵向端部效应的动态分析模型。

图 3-3 为短初级长次级无槽 PMSLM 纵向端部区域的磁力线分布示意图。某一时刻某一永磁体位于纵向端部的边界处，由于铁心开断结构，该永磁体的磁力线分布发生明显畸变。假设永磁体磁源到光滑电枢表面的磁位降为 1，则纵向端部区域外、内的磁通密度分布满足以下关系

$$F=\frac{B_{\max}g'}{\mu_0}=\frac{B_{\text{end}}(x)g_{\text{end}}(x)}{\mu_0} \tag{3-9}$$

式中　F——磁动势；

$B_{\text{end}}(x)$——不同位置对应的气隙磁通密度；
$g_{\text{end}}(x)$——不同位置对应的等效气隙长度。

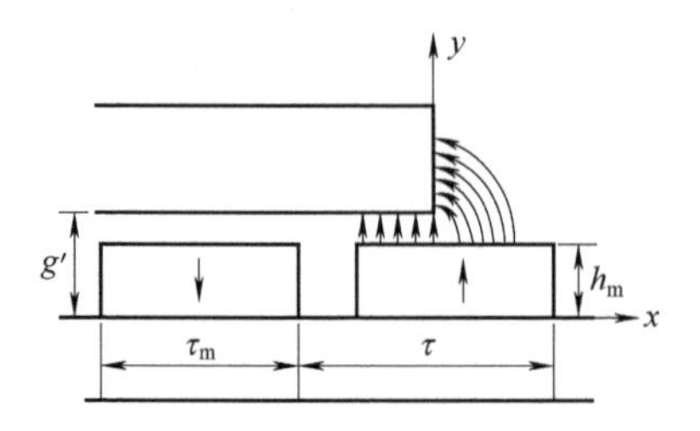

图 3-3　纵向端部区域的磁力线分布

故，纵向端部区域的等效气隙长度为

$$g_{\text{end}}(x)=\frac{g'}{0.356\mathrm{e}^{[-(x/g'+0.258)/0.648]^2}+16.42\mathrm{e}^{[-(x/g'+12.22)/6.579]^2}}\qquad x\geqslant -g' \tag{3-10}$$

根据式（3-10）的等效气隙长度函数，得到图 3-4 所示的初级铁心纵向端部的虚拟边界模型，其中实线为原初级铁心边界，虚线为虚拟的端部边界，该铁心端部能模拟纵向端部效应对端部区域气隙磁场的影响。端部区域各个位置所对应的等效气隙长度为 $g_{\text{end}}(x)$，其大小与位置 x 相关。把整个纵向端部区域分为四段：

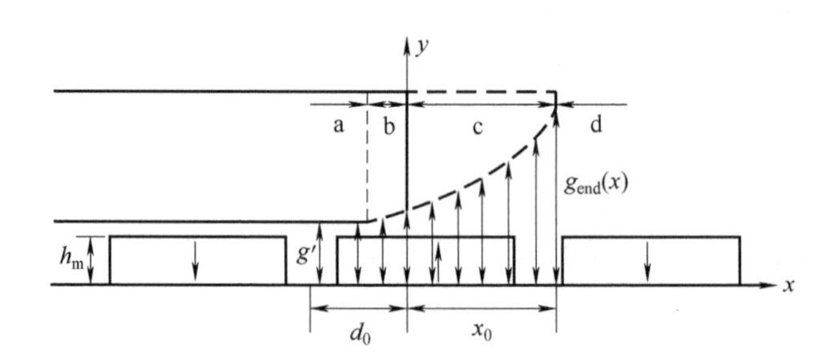

图 3-4　初级铁心纵向端部的虚拟边界模型

（1）a 段，$x<-g'$，初级与次级耦合部分，该段的气隙磁场不受纵向端部效应的影响，但受齿槽效应的影响。

（2）b 段，$-g'\leqslant x\leqslant 0$，初级与次级耦合部分内，气隙磁场受纵向端部效应影响；等效气隙长度 $g_{\text{end}}(x)$ 随位置变化，可模拟磁通密度逐步衰减的效果。由于铁心边端齿宽一般比 g'略大或相近，故一般默认无齿槽效应的影响。

（3）c 段，$0\leqslant x\leqslant 1.25g'$，铁心纵向端部外，气隙磁场受纵向端部效应影响畸变较显著；等效气隙长度 $g_{\text{end}}(x)$ 随位置变化，可模拟磁通密度逐步衰减的效果。通过有限元仿真分析，一般默认当 g_{end}大于 $3g'$或 $4g'$时，即当等效气隙长度足够大时，磁场几乎不再受纵向端部效应影响；由式（3-10）可得当 $g_{\text{end}}=4g'$时，对应的 $x_0=1.25g'$。

（4）d 段，$x>1.25g'$，铁心纵向端部外，可默认该段的气隙磁场不再受纵向端部效应的影响，即由永磁体产生的开域磁场决定。

因此，把 b 段和 c 段合并为同一过渡段，即$-g'\leqslant x\leqslant 1.25g'$，该过渡段对应不等气隙长度的虚拟边界的铁心端部，默认仅受纵向端部效应影响。用不等气隙长度 $g_{\mathrm{end}}(x)$ 替换式（2-10）的等效气隙长度 $g'=g+h_{\mathrm{m}}$，可得出短初级、长次级无槽 PMSLM 纵向端部区域 b 段和 c 段的气隙磁通密度。

图 2-6 无槽 PMSLM 的层分析模型中坐标 y 轴为某 q 轴，设该 q 轴与铁心左端部的距离为 d_0，根据坐标变换，得到在不同时刻的无槽 PMSLM 纵向端部区域过渡段的空载气隙磁通密度表达式为

$$\begin{cases} B_{x\_s\_\mathrm{end}}=\sum\limits_{n=1,3,5,\cdots}^{\infty} m_n[A'_{n1}\cosh(m_n y)+B'_{n1}\sinh(m_n y)]\cos[m_n(x-d_0)] \\ B_{y\_s\_\mathrm{end}}=-\sum\limits_{n=1,3,5,\cdots}^{\infty} m_n[A'_{n1}\sinh(m_n y)+B'_{n1}\cosh(m_n y)]\sin[m_n(x-d_0)] \end{cases} \tag{3-11}$$

式中，$A'_{n1}=-T_n\sinh(m_n h_{\mathrm{m}})$；$B'_{n1}=T_n\sinh(m_n h_{\mathrm{m}})\dfrac{\cosh[m_n g_{\mathrm{end}}(x)]}{\sinh[m_n g_{\mathrm{end}}(x)]}$；

其中，$-g'\leqslant x\leqslant 1.25g'$；$g'=g+h_{\mathrm{m}}$。

其中　g——无槽 PMSLM 机械气隙长度与绕组高度之和。

对于短初级长次级有铁心 PMSLM，引入气隙相对磁导分布函数，设某个槽中心线与永磁体 q 轴对齐时，时间 $t=0$，电机动子行进在各个位置时对应的时间为 t，得出在不同时刻的纵向端部区域过渡段空载气隙磁通密度表达式为

$$\begin{cases} B_{x\_\mathrm{end}}=\sum\limits_{n=1,3,5,\cdots}^{\infty} m_n[A'_{n1}\cosh(m_n y)+B'_{n1}\sinh(m_n y)]\cos[m_n(x-d_0-vt)] \\ B_{y\_\mathrm{end}}=-\sum\limits_{n=1,3,5\cdots}^{\infty} m_n[A'_{n1}\sinh(m_n y)+B'_{n1}\cosh(m_n y)]\sin[m_n(x-d_0-vt)] \end{cases} \tag{3-12}$$

式中，$A'_{n1}=-T_n\sinh(m_n h_{\mathrm{m}})$，$B'_{n1}=T_n\sinh(m_n h_{\mathrm{m}})\dfrac{\cosh[m_n g_{\mathrm{end}}(x-vt)]}{\sinh[m_n g_{\mathrm{end}}(x-vt)]}$；

其中，$-g'\leqslant x\leqslant 1.25g'$；$g'=g+h_{\mathrm{m}}$。

其中　g——有铁心 PMSLM 的机械气隙长度。

图 3-5 为采用解析法和二维有限元法求得的某时刻矩形永磁体有铁心 PMSLM 纵向端部区域的空载气隙磁通密度分布，过渡段大约从 0.021~0.026m，解析法和二维有限元法得到的过渡段气隙磁通密度分布曲线吻合度很高，验证了所提出的纵向端部效应动态模型的有效性。

上述研究表明：所提出的纵向端部效应动态模型，可用于精确计算短初级长次级有铁心 PMSLM 在动子运动过程中纵向端部区域的气隙磁场动态分布，这是常规的静态分析模型所不具备的。式（2-64）齿槽效应影响区域的气隙磁通密度分布表达式与式（3-12）受纵向端部效应影响的端部区域的气隙磁通密度分布表达式，两者结合一起形成了计及齿槽效应、纵向端部效应的永磁同步直线电机磁场统一模型。

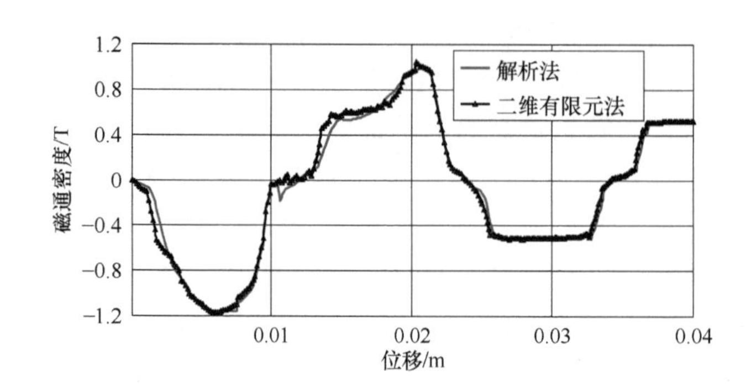

图 3-5　气隙中心线上的空载气隙磁通密度

3.3　横向端部效应与外悬效应

3.3.1　考虑外悬效应的横向端部效应分析

无槽或有铁心 PMSLM 初级铁心叠片厚度与次级轴向宽度是有限的，在初级铁心两个横向边端之间，磁场具有衰减趋势，被称为横向端部效应。如图 3-6 所示，有初级铁心叠片厚度小于或等于次级横向宽度两种横向拓扑结构。常规的横向端部效应分析模型常默认永磁体横向长度与铁心叠片厚度相等，忽略了永磁体的外悬长度，故其气隙磁通密度分布并不能真实反映当永磁体横向长度大于铁心叠片厚度时横向端部区域的磁场分布规律。因此，需要开展考虑永磁体外悬长度的有铁心 PMSLM 横向端部效应分析。

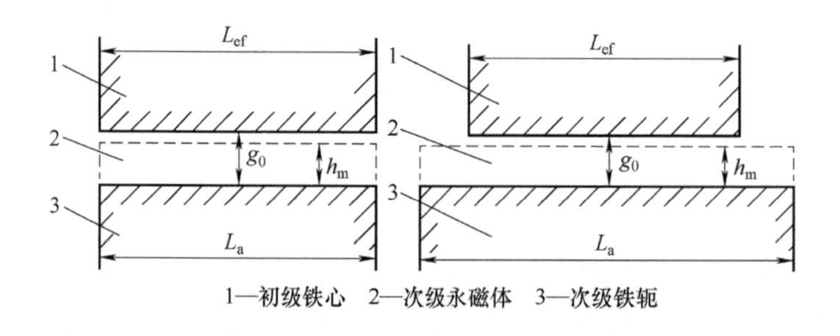

图 3-6　有铁心永磁同步直线电机横向拓扑结构

对于初级、次级横向宽度相等的直线电机，设开齿槽的铁心表面磁位为$+\Omega_0$，次级铁轭表面磁位为$-\Omega_0$，则在等效气隙中心线可作为一磁位等于 0 的对称线，其横向端部效应模型如图 3-7 所示。同理可得，横向端部区域任一点的磁感应强度为

$$B=\mu_0\left|\frac{\mathrm{d}t}{\mathrm{d}z}\right|=\mu_0\left|\frac{\mathrm{d}t}{\mathrm{d}w}\frac{\mathrm{d}w}{\mathrm{d}z}\right|=\mu_0\frac{2\Omega_0}{g_0}\left|\frac{1}{(w+1)^{\frac{1}{2}}}\right| \tag{3-13}$$

电枢铁心横向中部，即 z 平面内的 B 点，磁感应强度为最大值，取此点的磁感应强度作

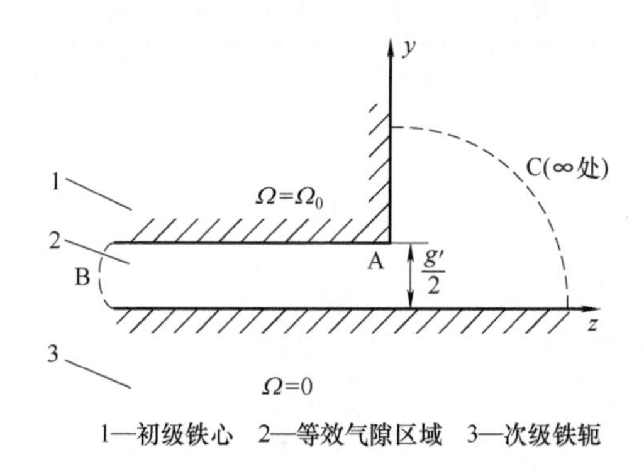

图 3-7　初级、次级轴向宽度相等的分析模型

为基值，$B_0=\mu_0\Omega_0/g_0$。故横向端部磁场内的任一点磁感应强度相对值为

$$\frac{B}{B_0}=\left|\frac{1}{(w+1)^{\frac{1}{2}}}\right| \tag{3-14}$$

为了增强靠近电枢铁心的横向边缘区域的气隙磁感应强度，通常设计次级永磁体轴向宽度大于初级铁心叠片厚度，建立考虑永磁体外悬长度的横向端部效应分析模型，如图 3-8 所示。为了运用许-克变换，假设铁心磁导率为无穷大，开齿槽的铁心表面磁位为 Ω_0，光滑次级表面磁位为 0。由于边界上存在两种磁位，因此要进行两次许-克变换，首先把 z 平面变换到 w 平面，再用对数变换把 w 平面变换到 t 平面，在 t 平面内得到规则的磁场图形。图 3-8 中 L_1 为外悬长度，即次级轴向宽度减去初级铁心叠片厚度的 1/2。z 平面和 w 平面的对应关系见表 3-2。

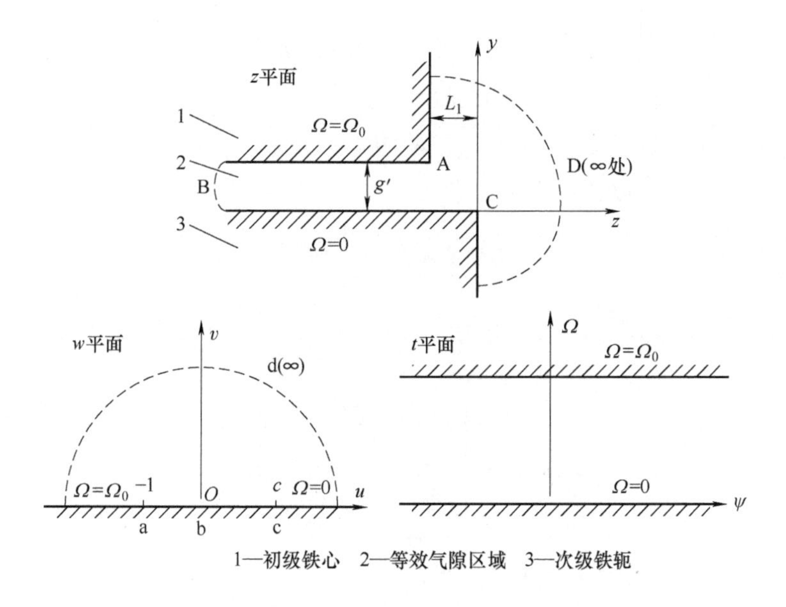

图 3-8　初级、次级轴向长度不等的分析模型

表 3-2　z 平面和 w 平面的对应关系

z 平面		多边形内角	w 平面	
点	坐标		点	坐标
A	$-L_1+jg'$	$3\pi/2$	a	-1
B	$-\infty$	0	b	0
	$-\infty+jg'$			
C	0	$3\pi/2$	c	c（待定）
D	$-L_1+j\infty$		d	$\pm\infty$
	$-j\infty$			

z-w 平面间的许-克变换为

$$\frac{\mathrm{d}z}{\mathrm{d}w}=S(w+1)^{\frac{1}{2}}w^{-1}(w-c)^{\frac{1}{2}} \tag{3-15}$$

积分求得

$$z=S\int\frac{(w+1)^{\frac{1}{2}}(w-c)^{\frac{1}{2}}}{w}\mathrm{d}w+K \tag{3-16}$$

设 $p=\sqrt{\dfrac{w-c}{w+1}}$，即 $\mathrm{d}w=\dfrac{2p(1+c)}{(1-p^2)^2}\mathrm{d}p$，则

$$\begin{aligned}z&=S\int\frac{2(1+c)^2p^2}{(p^2+c)(1-p^2)^2}\mathrm{d}p+K\\&=S\left[-2\sqrt{c}\arctan\frac{p}{\sqrt{c}}+\frac{c-1}{2}\ln\left(\frac{1-p}{1+p}\right)-\frac{p(1+c)}{p^2-1}\right]+K\end{aligned} \tag{3-17}$$

对于 C 点，$w=c$，即 $p=0$，而 $z=0$，故

$$K=0 \tag{3-18}$$

对于 A 点，$w=-1$，即 $p=\infty$，故

$$z=-S\sqrt{c}\,\pi+\frac{c-1}{2}S\pi\mathrm{j} \tag{3-19}$$

而 $z=-L_1+\mathrm{j}g'$，令 $t=\left(\dfrac{2g'}{L_1}\right)^2+2$，可得

$$\begin{cases}c=\dfrac{t+\sqrt{t^2-4}}{2}\\S=\dfrac{L_1}{\pi\sqrt{c}}\end{cases} \tag{3-20}$$

再利用对数变化，把 w 平面变换到 t 平面。

$$t=\psi+\mathrm{j}\Omega=\frac{\Omega_0}{\pi}\ln w \tag{3-21}$$

从而实现 z 平面内的磁场变换到 t 平面内的规则磁场。

横向端部磁场区域磁感应强度为

$$
\begin{aligned}
B &= \mu_0 \left| \frac{\mathrm{d}t}{\mathrm{d}z} \right| = \mu_0 \left| \frac{\mathrm{d}t}{\mathrm{d}w} \frac{\mathrm{d}w}{\mathrm{d}z} \right| \\
&= \mu_0 \left| \frac{\Omega_0}{S\pi\sqrt{(w+1)(w-c)}} \right|
\end{aligned} \tag{3-22}
$$

电枢铁心横向中部，即 z 平面内的 B 点，取此点的磁感应强度作为基值

$$
B_0 = \mu_0 \frac{\Omega_0}{g'} \tag{3-23}
$$

横向端部磁场内的任一点磁感应强度相对值为

$$
\frac{B}{B_0} = \left| \sqrt{\frac{(t-2)c}{4(w+1)(w-c)}} \right| \tag{3-24}
$$

设外悬长度 $L_1 = 0.5\text{mm}$，把表 2-3 的有铁心 PMSLM 参数代入式（3-24），可得横向端部区域的磁场磁通密度分布曲线。图 3-9 比较了初、次级轴向宽度相等和初级叠片厚度小于次级轴向宽度两种横向拓扑结构的横向端部附近磁感应强度分布曲线 $\frac{B}{B_{\max}} = f\left(\frac{x}{g'}\right)$，说明采用初级叠片厚度小于次级轴向宽度的横向拓扑结构，明显增强了电机横向端部区域的磁感应强度。对于初级叠片厚度小于次级轴向宽度的拓扑结构，外悬长度 $L_1 = 0.5\text{mm}$，当 $x = -0.63g'$ 时，磁感应强度 $B \approx B_{\max}$；靠近电枢铁心的横向边缘，气隙磁感应强度逐步衰减，当 $x = 0$ 时，对应于电枢铁心的横向边缘线，即 z 平面内的 A 点，此时磁感应强度为 $B = 0.875B_{\max}$；而对于初级、次级轴向宽度相等的拓扑结构，当 $x = 0$ 时，磁感应强度为 $B = 0.833B_{\max}$。最后对图 3-9 中的曲线 2 进行曲线拟合，采用高斯逼近法得到精确的横向端部区域磁通密度分布函数表达式。

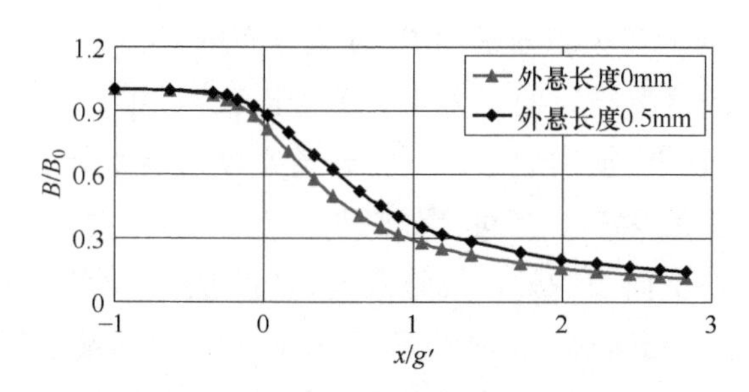

图 3-9 横向端部区域磁通密度分布曲线

$$
\frac{B}{B_{\max}} = 3.796 \times 10^{13} \mathrm{e}^{-[(x+131.1)/23.22]^2} + 0.3694 \mathrm{e}^{-[(x+0.1809)/0.7928]^2} \quad x \geqslant -0.63g' \tag{3-25}
$$

式中 g'——等效气隙长度。

上述研究结果表明：横向端部效应使气隙磁通密度在横向端部区域呈衰减趋势，导致从二维磁场模型出发的解析法及二维有限元仿真方法比实际结果偏大，存在一定的误差。对于有铁心 PMSLM，为提高靠近横向端部的气隙磁通密度和永磁体磁利用率，一般设计永磁体

横向宽度 L_m 大于初级铁心的横向长度 L_c。图 3-10 为永磁体和初级铁心相对位置的三维视图，x 方向为初级行进方向，y 方向为法向方向，z 方向为横向方向，L_{ol} 为左外悬长度，L_{or} 为右外悬长度，若永磁体横向宽度等于铁心横向长度，则外悬长度等于 0，即 $L_{ol}=L_{or}=0$；若永磁体横向宽度大于铁心横向长度，即 $L_m>L_c$，则外悬长度不等于 0，横向端部磁场较前者有所变化。当左、右外悬长度相等时，即 $L_{ol}=L_{or}\neq 0$，则左、右外悬长度统称为对称外悬长度 L_{oh}。

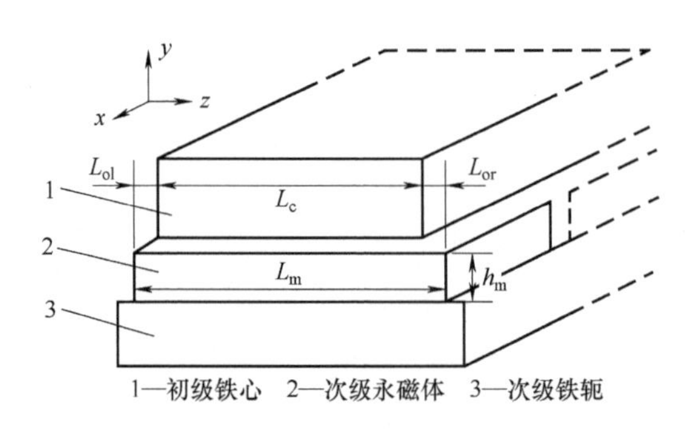

图 3-10　初级与次级相对位置三维视图

由于永磁体横向长度大于初级铁心叠片厚度，存在左、右外悬长度，使得横向端部区域磁场发生很大的畸变，削弱了横向端部效应对横向端部区域磁场的衰减效果，这种效应称为外悬效应（overhang effect）。为准确分析外悬效应，采用三维有限元法研究不同外悬长度对横向端部区域磁场的影响规律。

根据表 2-3 的有铁心 PMSLM 相关参数，初级铁心的横向长度为 56mm，暂不考虑斜极效应，即永磁体为非斜极矩形磁极结构，通过三维有限元法得出在相同位置和相同时刻的不同外悬长度下横向方向气隙磁场分布。

图 3-11 为沿 z 轴方向的气隙磁通密度 B_y 分量分布随对称外悬长度的变化曲线，某一时刻横向位置 40mm 处的气隙磁通密度为 0.72T，定义为原值。当外悬长度等于零时，仅横向端部效应作用，靠近铁心横向边缘，气隙磁通密度呈衰减趋势，在铁心横向边缘处，气隙磁通密度降低到原值的 94%。当对称外悬长度等于 3mm 时，横向端部区域的气隙磁通密度明显增大，在铁心横向边缘处，气隙磁通密度增至原值约 1.03 倍，气隙磁通密度最大值为原值的 1.11 倍。当对称外悬长度等于 6mm 时，横向端部区域的气隙磁通密度显著增强，在铁心横向边缘处，气隙磁通密度增至原值约 1.07 倍，气隙磁通密度最大值为原值的 1.21 倍。

研究结果表明：外悬效应能明显削弱横向端部效应对横向端部磁场的衰减作用，增大了气隙磁通密度，提高了电磁推力和推力密度。对于斜极有铁心 PMSLM，永磁体为斜极结构，改善了定位力和推力波动，但是电磁推力也相应减少，因此提出设计合理的对称外悬长度，消除由于斜极效应导致电磁推力的降低；同时，外悬长度对定位力和推力波动率的影响很小。

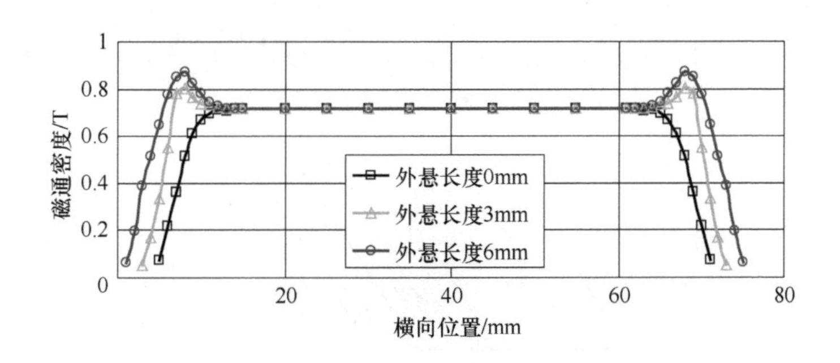

图 3-11 沿 z 轴方向气隙磁通密度分布随对称外悬长度的变化曲线

3.3.2 三维磁场解析

由于无铁心 PMSLM 永磁体励磁磁场无法描述绕组端部的磁场分布，初级与次级的轴向宽度是有限的，在横向方向磁场具有衰减趋势，存在横向端部效应。为分析无铁心 PMSLM 的横向端部效应和外悬效应，需要开展无铁心 PMSLM 三维空间磁场精确解析的研究。

首先，从描述永磁体的面磁荷观点出发，引入标量磁位，采用等效磁荷法计算一个均匀充磁的矩形永磁体的外部空间磁场分布，并且通过边界面为二平行铁磁平面的镜像法推广至非重叠或重叠绕组 ACPMSLM 的空间磁场分布。

忽略位移电流，电机内的磁场满足麦克斯韦方程组

$$\begin{cases}\mathrm{rot}H=J\\ \mathrm{div}B=0\end{cases} \tag{3-26}$$

当交界面无电流时，磁场为无旋场，$\mathrm{rot}H=0$

在均匀充磁的永磁体中

$$B=\mu_0(M+H) \tag{3-27}$$

式中 M——永磁体的磁化强度。

由于永磁体相对回复磁导率 $\mu_r\doteq1$，故上式中磁化强度 M 可等于永磁体的剩磁磁化强度 M_0。

图 3-12 为矩形永磁体的分析模型，设永磁体的横向宽度为 $2l$，纵向宽度为 $2a$，厚度为 $2h$，充磁方向为 z 轴，即 $M=M_0e_z$。矩形永磁体的中心点为坐标轴原点，P 点为永磁体外部空间任意一点，其坐标为（x,y,z），ds 为任取一个薄层中任意一个面积微元，I 点坐标为（x_0,y_0,z_0），该面积微元与 P 点的距离为 r。永磁体励磁作用可等效为沿着充磁方向 e_z 的两个端面薄层的正负磁荷面所产生磁场叠加。

引入标量磁位 φ，对于 I 点，标量磁位满足

$$\mathrm{d}\varphi_0=-\frac{1}{4\pi}\frac{\nabla\cdot M_0(r_i)}{r_0}\mathrm{d}r_0 \tag{3-28}$$

对于矩形永磁体，标量磁位满足

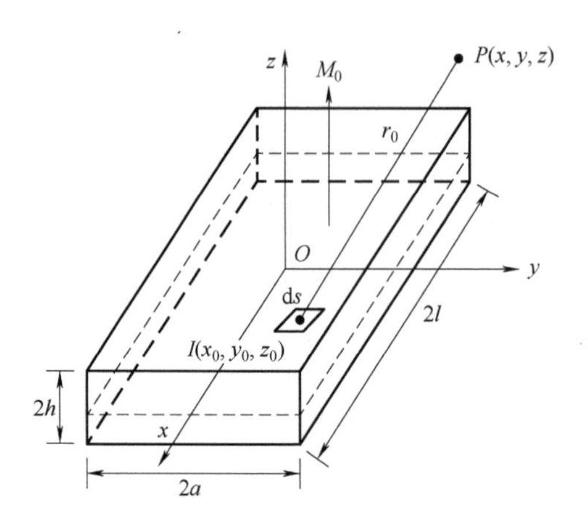

图 3-12　矩形永磁体分析模型

$$\varphi=-\frac{1}{4\pi}\nabla\cdot\int\frac{M_0(r_0)}{r_0}\mathrm{d}^3r_0 \tag{3-29}$$

将面积微元 ds 沿 x、y 轴积分，可得一个磁荷面产生的空间磁场，则 P 点处标量磁位可表示为

$$\varphi(x,y,z)=-\frac{1}{4\pi}\nabla\cdot\int_{-l}^{l}\int_{-a}^{a}\frac{\mathrm{d}x_0\mathrm{d}y_0}{\sqrt{(x-x_0)^2+(y-y_0)^2+(z-z_0)^2}} \tag{3-30}$$

对式（3-30）积分，根据 $H=-\mathrm{grad}\varphi$，$B=\mu_0H$，可得到位于 $z=h$ 平面上的正磁荷面在外部空间产生的磁通密度分布

$$B_{x+}(x,y,z)=\frac{\mu_0M_0}{4\pi}\sum_{m=1}^{2}\sum_{n=1}^{2}(-1)^{m+n}\cdot\ln\left\{y+(-1)^na+\sqrt{[x+(-1)^ml]^2+[y+(-1)^na]^2+(z-h)^2}\right\} \tag{3-31}$$

$$B_{y+}(x,y,z)=\frac{\mu_0M_0}{4\pi}\sum_{m=1}^{2}\sum_{n=1}^{2}(-1)^{m+n}\cdot\ln\left\{x+(-1)^ml+\sqrt{[x+(-1)^ml]^2+[y+(-1)^na]^2+(z-h)^2}\right\} \tag{3-32}$$

$$B_{z+}(x,y,z)=-\frac{\mu_0M_0}{4\pi}\sum_{m=1}^{2}\sum_{n=1}^{2}(-1)^{m+n}\cdot\arctan\left\{\frac{[x+(-1)^ml][y+(-1)^na]}{(z-h)\sqrt{[x+(-1)^ml]^2+[y+(-1)^na]^2+(z-h)^2}}\right\} \tag{3-33}$$

相比较正磁荷面，位于 $z=-h$ 平面上的负磁荷面的磁荷密度方向相反，故负磁荷面在外部空间产生的磁通密度分布为

$$B_{x-}(x,y,z)=-\frac{\mu_0M_0}{4\pi}\sum_{m=1}^{2}\sum_{n=1}^{2}(-1)^{m+n}\cdot\ln\left\{y+(-1)^na+\sqrt{[x+(-1)^ml]^2+[y+(-1)^na]^2+(z+h)^2}\right\} \tag{3-34}$$

$$B_{y-}(x,y,z)=-\frac{\mu_0 M_0}{4\pi}\sum_{m=1}^{2}\sum_{n=1}^{2}(-1)^{m+n}\cdot$$

$$\ln\{x+(-1)^m l+\sqrt{[x+(-1)^m l]^2+[y+(-1)^n a]^2+(z+h)^2}\} \tag{3-35}$$

$$B_{z-}(x,y,z)=\frac{\mu_0 M_0}{4\pi}\sum_{m=1}^{2}\sum_{n=1}^{2}(-1)^{m+n}\cdot$$

$$\arctan\left\{\frac{[x+(-1)^m l][y+(-1)^n a]}{(z+h)\sqrt{[x+(-1)^m l]^2+[y+(-1)^n a]^2+(z+h)^2}}\right\} \tag{3-36}$$

因此，叠加正、负磁荷面在外面空间产生的磁通密度，可得到单块永磁体在外部空间产生的磁场分布

$$\begin{cases}B_{x0}(x,y,z)=B_{x+}(x,y,z)+B_{x-}(x,y,z)\\B_{y0}(x,y,z)=B_{y+}(x,y,z)+B_{y-}(x,y,z)\\B_{z0}(x,y,z)=B_{z+}(x,y,z)+B_{z-}(x,y,z)\end{cases} \tag{3-37}$$

镜像法是一种处理铁磁边界对原磁场影响的分析方法，即在给定电流密度分布和铁磁边界条件下，用位于铁磁边界后面的等效虚拟电流代替边界的影响。对于边界面为二平行铁磁平面时的永磁体，分别以两个铁磁平面为对称轴，镜像得到与铁磁平面等距的磁化强度为 $\frac{\mu_{Fe}-\mu_0}{\mu_{Fe}+\mu_0}M_0$ 的永磁体。由于 $\mu_{Fe}\gg\mu_0$，工程计算中铁心的磁导率 μ_{Fe} 近似等于∞，故镜像的永磁体磁化强度为 M_0。

图 3-13 为边界面为二平行铁磁平面时一对矩形永磁体的镜像，设二平面铁磁边界之间的距离为 η，气隙区域的中心点为坐标轴原点 O，永磁体励磁效果可看作为沿着充磁方向的两个端面的正负磁荷面所产生磁场的叠加，由于二平行铁磁平面为不同磁位的标量等磁位面，正负磁荷面的原像和镜像对两个铁磁边界面来回反射，将得到无限多个镜像，原像 Ⅰ 和镜像 Ⅱ 分别形成一个相距 2η 的磁荷面数列，采用坐标变换，可得正磁荷面产生的空间磁通密度分布为

$$B_{x1}(x,y,z)=\frac{\mu_0 M_0}{4\pi}\sum_{m=1}^{2}\sum_{n=1}^{2}\sum_{j=-\infty}^{+\infty}(-1)^{m+n}\cdot$$

$$\ln\{[y+(-1)^n a+f(x,y,z+z_a)]\cdot[y+(-1)^n a+f(x,y,z+z_b)]\} \tag{3-38}$$

$$B_{y1}(x,y,z)=\frac{\mu_0 M_0}{4\pi}\sum_{m=1}^{2}\sum_{n=1}^{2}\sum_{j=-\infty}^{+\infty}(-1)^{m+n}\cdot$$

$$\ln\{[x+(-1)^m l+f(x,y,z+z_a)]\cdot[x+(-1)^m l+f(x,y,z+z_b)]\} \tag{3-39}$$

$$B_{z1}(x,y,z)=-\frac{\mu_0 M_0}{4\pi}\sum_{m=1}^{2}\sum_{n=1}^{2}\sum_{j=-\infty}^{+\infty}(-1)^{m+n}\cdot$$

$$\left\{\arctan\left[\frac{[x+(-1)^m l][y+(-1)^n a]}{(z+z_a)\cdot f(x,y,z+z_a)}\right]+\arctan\left[\frac{[x+(-1)^m l][y+(-1)^n a]}{(z+z_b)\cdot f(x,y,z+z_b)}\right]\right\} \tag{3-40}$$

式中　$f(x,y,z)=\sqrt{[x+(-1)^m l]^2+[y+(-1)^n a]^2+z^2}$；

$$z_a=\frac{\eta-4h}{2}+2(j-1)\eta;$$

$$z_b=\frac{\eta-4h}{2}+4h+2(j-1)\eta。$$

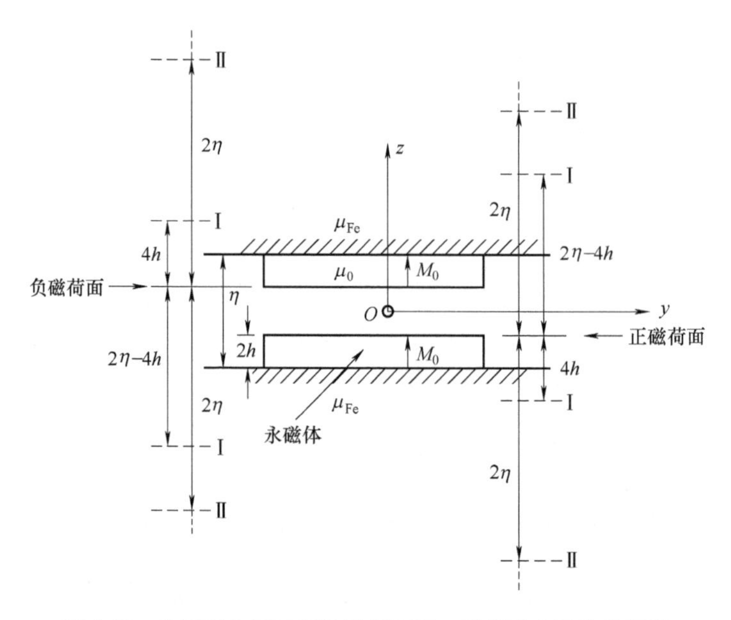

图 3-13　边界面为二平行铁磁平面时一对矩形永磁体的镜像

同理可得负磁荷面产生的空间磁通密度分布为

$$B_{x2}(x,y,z)=-\frac{\mu_0M_0}{4\pi}\sum_{m=1}^{2}\sum_{n=1}^{2}\sum_{j=-\infty}^{+\infty}(-1)^{m+n}\cdot \ln\{[y+(-1)^n a+f(x,y,z-z_a)]\cdot[y+(-1)^n a+f(x,y,z-z_b)]\} \tag{3-41}$$

$$B_{y2}(x,y,z)=-\frac{\mu_0M_0}{4\pi}\sum_{m=1}^{2}\sum_{n=1}^{2}\sum_{j=-\infty}^{+\infty}(-1)^{m+n}\cdot \ln\{[x+(-1)^m l+f(x,y,z-z_a)]\cdot[x+(-1)^m l+f(x,y,z-z_b)]\} \tag{3-42}$$

$$B_{z2}(x,y,z)=\frac{\mu_0M_0}{4\pi}\sum_{m=1}^{2}\sum_{n=1}^{2}\sum_{j=-\infty}^{+\infty}(-1)^{m+n}\cdot \left\{\arctan\left[\frac{[x+(-1)^m l][y+(-1)^n a]}{(z-z_a)\cdot f(x,y,z-z_a)}\right]+\arctan\left[\frac{[x+(-1)^m l][y+(-1)^n a]}{(z-z_b)\cdot f(x,y,z-z_b)}\right]\right\} \tag{3-43}$$

将正负磁荷面在气隙区域内产生的磁场相叠加，求得边界面为二平行铁磁平面时一对永磁体在气隙区域的空间磁通密度分布为

$$B_x(x,y,z)=\frac{\mu_0M_0}{4\pi}\sum_{m=1}^{2}\sum_{n=1}^{2}\sum_{k=1}^{2}\sum_{j=-\infty}^{+\infty}(-1)^{m+n+k}\cdot \ln\{[y+(-1)^n a+f_a(x,y,z)]\cdot[y+(-1)^n a+f_b(x,y,z)]\} \tag{3-44}$$

$$B_y(x,y,z)=\frac{\mu_0M_0}{4\pi}\sum_{m=1}^{2}\sum_{n=1}^{2}\sum_{k=1}^{2}\sum_{j=-\infty}^{+\infty}(-1)^{m+n+k}\cdot$$

$$\ln\{[x+(-1)^m l+f_a(x,y,z)]\cdot[x+(-1)^m l+f_b(x,y,z)]\} \tag{3-45}$$

$$B_z(x,y,z)=-\frac{\mu_0 M_0}{4\pi}\sum_{m=1}^{2}\sum_{n=1}^{2}\sum_{k=1}^{2}\sum_{j=-\infty}^{+\infty}(-1)^{m+n+k}\cdot$$

$$\left\{\arctan\left[\frac{[x+(-1)^m l][y+(-1)^n a]}{[z+(-1)^k z_a]\cdot f_a(x,y,z)}\right]+\arctan\left[\frac{[x+(-1)^m l][y+(-1)^n a]}{[z+(-1)^k z_b]\cdot f_b(x,y,z)}\right]\right\} \tag{3-46}$$

式中　$f_a(x,y,z)=\sqrt{[x+(-1)^m l]^2+[y+(-1)^n a]^2+[z+(-1)^k z_a]^2}$；

$f_b(x,y,z)=\sqrt{[x+(-1)^m l]^2+[y+(-1)^n a]^2+[z+(-1)^k z_b]^2}$。

图 3-14 为无铁心永磁同步直线电机的三维磁场分析模型，取气隙区域的中心点作为笛卡尔坐标系原点，P 点的磁场是由所有的永磁体产生的磁场相叠加而成。通过坐标变换，可得 P 点的三维空间磁通密度分布为

$$\begin{cases} B_{x\_p}(x,y,z)=\sum\limits_{i=-\infty}^{\infty}[B_x(x,y+2i\tau,z)-B_x(x,y+(2i-1)\tau,z)] \\ B_{y\_p}(x,y,z)=\sum\limits_{i=-\infty}^{\infty}[B_y(x,y+2i\tau,z)-B_y(x,y+(2i-1)\tau,z)] \\ B_{z\_p}(x,y,z)=\sum\limits_{i=-\infty}^{\infty}[B_z(x,y+2i\tau,z)-B_z(x,y+(2i-1)\tau,z)] \end{cases} \tag{3-47}$$

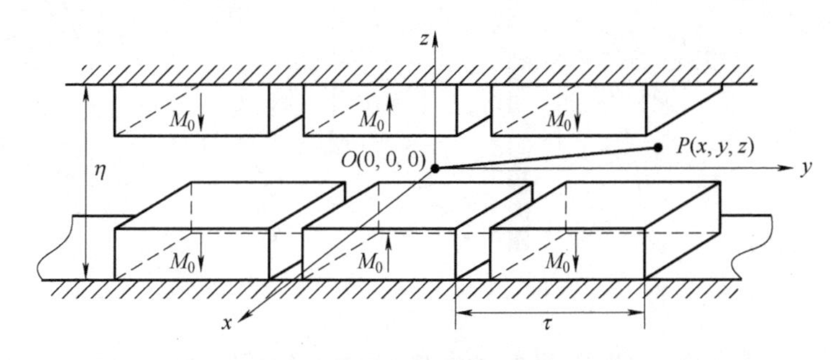

图 3-14　无铁心永磁同步直线电机三维模型

式（3-47）ACPMSLM 三维空间的空载磁通密度解析式考虑了磁极结构的三维空间分布位置，提高了磁场解析精度。式（3-47）能精确计算永磁体在气隙区域产生的空载磁通密度分布。根据表 2-1 非重叠绕组无铁心永磁直线电机的主要参数，利用 Matlab 软件绘制出空载状态下电机在气隙区域和横向端部区域的空间磁通密度分布，分析横向端部效应对横向端部区域磁场分布的影响规律。对于无铁心 PMSLM，外悬效应定义为永磁体的横向长度大于线圈直线部分长度，增强了横向端部区域的气隙磁通密度；同时，外悬效应使线圈末端处于较强的气隙磁场内，当电枢绕组通入电流时，线圈端部也会产生一定的电磁推力。

图 3-15 给出不同平面上气隙磁通密度 B_x、B_y 和 B_z 分布曲面。由于 ACPMSLM 的磁路结构关于 xOy 平面对称，当 $z=0$mm 时，B_x 和 B_y 分量等于零；B_z 分量的最大幅值为 0.65T，由于横向端部效应的影响，B_z 分量从永磁体横向中心到端部呈减少趋势，当 $x=\pm36$mm 时，

即位于永磁体横向方向的边缘处，B_z 的幅值最大值衰减到 0.56T。在 $z=4.7$mm 平面，即电枢绕组表面，B_x 分量的最大幅值沿着永磁体横向方向从 0 增大至 0.28T，在永磁体横向端部外，B_x 分量的幅值逐渐衰减；由于横向端部效应的影响，B_y 和 B_z 的最大幅值沿着永磁体横向方向呈衰减趋势，沿 y 轴方向，B_y 和 B_z 呈类正弦曲线变化，B_y 在永磁体正下方（d 轴）等于零，B_z 在永磁体正下方出现最大值，约为 0.67T。

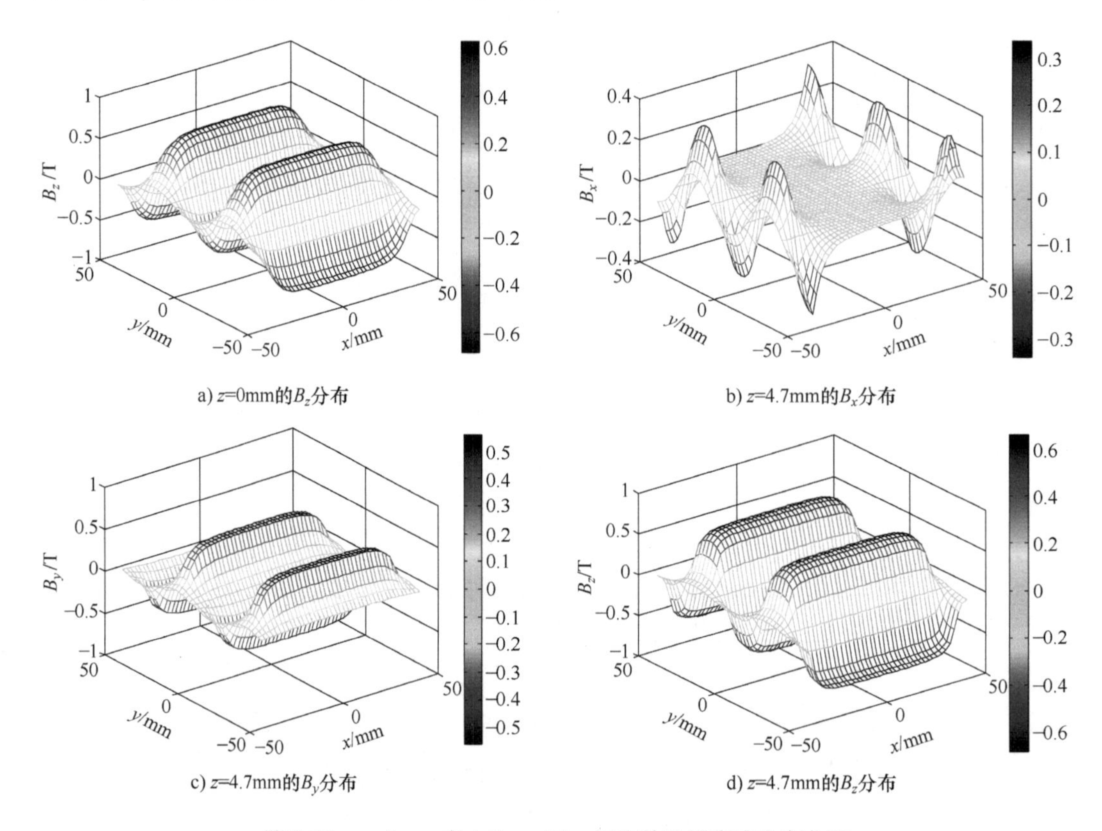

图 3-15　$z=0$mm 或 4.7mm 时，平面的磁通密度分布曲面

图 3-16 给出 $x=0$mm 或 40mm 平面的磁通密度 B_y 和 B_z 分布曲面。在 $x=0$ 平面，靠近永磁体表面 B_y 分量幅值呈增大趋势，当 $y=\pm 9.6$mm 且 $z=6$mm 时，即位于永磁体纵向方向的边缘处，B_y 的最大幅值出现为 0.69T，说明永磁体间存在较大的极间漏磁。沿纵向方向，靠近气隙中线 B_z 呈类正弦曲线变化规律；而靠近永磁体表面 B_z 呈类梯形曲线变化规律，B_z 分量的正弦度相对变差。当 $x>36$mm 时，即处于永磁体横向端部的外部空间，在 $x=40$mm 平面，B_y 分量幅值在永磁体 N、S 极的交接处（q 轴）出现最大值，约为 0.13T，说明电机存在一定的横向端部漏磁。由图 3-16d 和图 3-17（端部磁通密度分布）可知，在电机绕组端部区域，B_z 分量沿电机行进方向呈类正弦变化规律，从双边永磁体表面所在的平面到气隙中心平面，B_z 分量逐渐增大，在气隙中心平面，端部磁场（$x=40$mm）磁通密度 B_z 幅值最大值为 0.15T。

图 3-18 为 ACPMSLM 空载状态下的三维磁通密度分布。图 3-19 比较了直线（$x=40$mm，$z=0$mm）、直线（$x=0$mm，$z=6$mm）的解析法和三维有限元仿真分析求解的空载气隙磁通

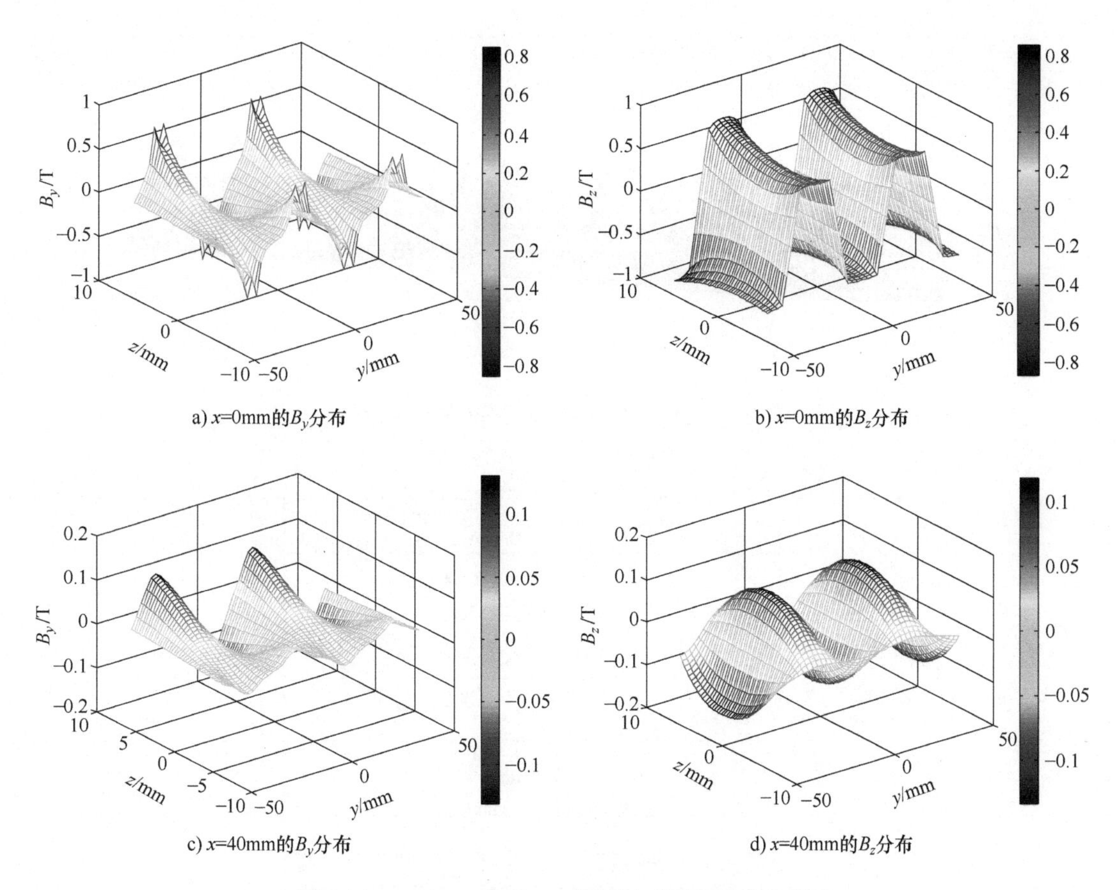

a) x=0mm的B_y分布

b) x=0mm的B_z分布

c) x=40mm的B_y分布

d) x=40mm的B_z分布

图 3-16　$x=0$mm 或 40mm 平面的磁通密度分布曲面

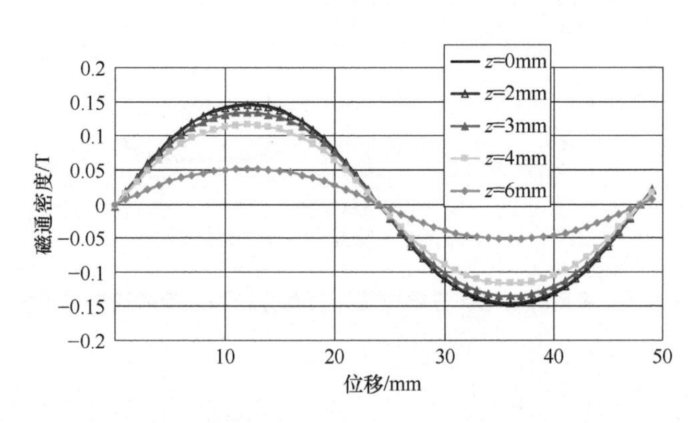

图 3-17　电机绕组端部（$x=40$mm）的 B_z 分布

密度 B_z 分量，解析值略小于有限元仿真值，解析法的最大相对误差小于 3.0%，验证了该解析法分析电机三维空载磁场的有效性和可行性。

综上所述，无铁心 PMSLM 精确的三维空间磁场分布反映了横向端部效应对磁场的影响规律，三维磁场特别是横向端部外部空间磁场的精确解析为研究无铁心 PMSLM 绕组端部产生的电磁推力和横向寄生力提供了重要的理论基础。

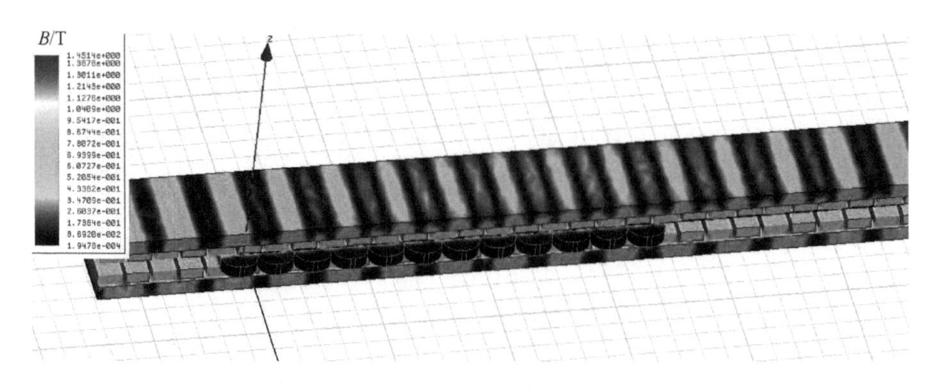

图 3-18 ACPMSLM 空载三维磁通密度分布

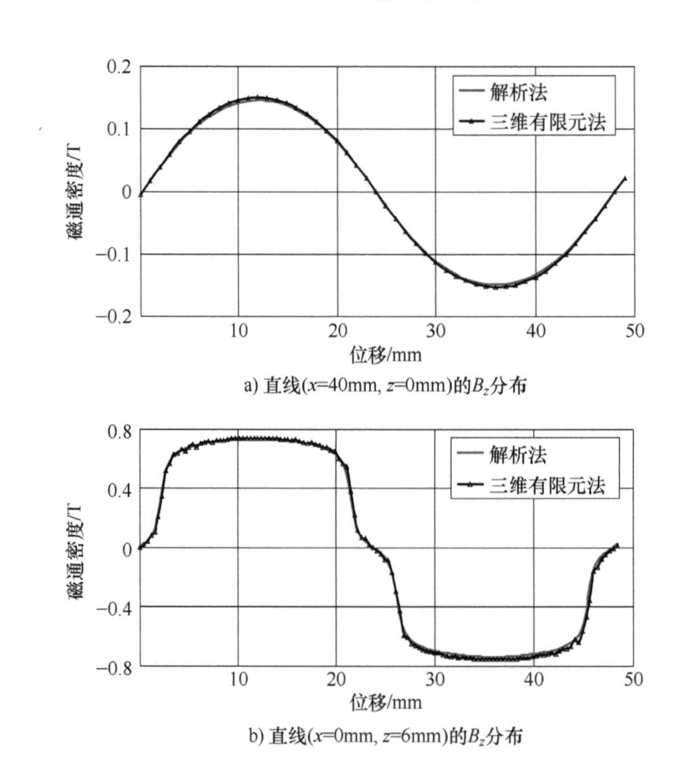

a) 直线(x=40mm, z=0mm)的B_z分布

b) 直线(x=0mm, z=6mm)的B_z分布

图 3-19 采用解析法和三维有限元仿真分析的空间磁通密度比较

参考文献

[1] 龙遐令. 直线感应电动机的理论和电磁设计方法［M］. 北京：科学出版社，2006：25-87.

[2] DANIELSSON O, LEIJON M. Flux distribution in linear permanent-magnet synchronous machines including longitudinal end effects［J］. IEEE Transactions on Magnetics，2007，43（7）：3197-3201.

[3] 刘成颖，王昊，张之敬，等. 基于非线性电感分析的永磁直线同步电机电磁推力特性研究［J］. 中国电机工程学报，2011，31（30）：69-75.

[4] CONNELL T C O, KREIN P T. A schwarz-christoffel-based analytical method for electric machine field analy-

sis [J]. IEEE Transactions on Energy Conversion, 2009, 24 (3): 565-577.

[5] ZHU Y, LEE S, CHUNG K, et al. Investigation of auxiliary poles design criteria on reduction of end effect of detent force for PMLSM [J]. IEEE Transactions on Magnetics, 2009, 45 (6): 2863-2866.

[6] MA M, LI L, ZHU H, et al. Influence of longitudinal end-effects on electromagnetic performance of a permanent magnet slotless linear launcher [J]. IEEE Transactions on Plasma Science, 2009, 41 (5): 1161-1166.

[7] 夏加宽. 高精度永磁直线电机端部效应推力波动及补偿策略研究 [D]. 沈阳: 沈阳工业大学, 2006: 2-6.

[8] KIM K, KOO D, LEE J. The study on the overhang coefficient for permanent magnet machine by experimental design method [J]. IEEE Transactions on Magnetics, 2007, 43 (6): 2483-2485.

[9] CHUN Y, LEE J, WAKAO S. Overhang effect analysis of brushless DC motor by 3-D equivalent magnetic circuit network method [J]. IEEE Transactions on Magnetics, 2001, 39 (3): 1610-1613.

[10] SEO J, JUNG I, JUNG H, et al. Analysis of overhang effect for a surface-mounted permanent magnet machine using a lumped magnetic circuit model [J]. IEEE Transactions on Magnetics, 2014, 50 (5): 1-7.

Chapter 4

第4章 永磁同步直线电机电磁力分析

4.1 直线电机电磁力研究概述

精密运动平台中，为消除摩擦、磨损和提高定位精度，常采用气浮支承技术的永磁同步直线电机系统，电磁推力、法向力和横向力的波动直接作用于气浮轴承，产生振动和噪音，增加了系统动力学模型的复杂性，影响伺服系统的定位精度。因此，研究永磁同步直线电机三维电磁力的产生机理及其波动规律是亟不可待的。目前，电磁力的解析计算方法主要有：安培定律、麦克斯韦应力法、虚位移法[1-3]。安培定律一般用于计算无铁心或无槽永磁同步直线电机电磁力，若求解区域内有铁磁边界，则用镜像法分析铁磁边界对磁场的影响。麦克斯韦应力法考虑了铁心的磁饱和，通过引入等效的磁张力来代替体积力计算有铁心永磁同步直线电机电磁推力和法向力。虚位移法是假设电机在运动方向上发生微小的虚位移，通过计算系统虚位移前、后的磁共能值确定电磁力或电磁转矩[4-6]。

对于无铁心或无槽永磁同步直线电机，研究多集中于不同拓扑结构的永磁体和电枢绕组形式对电机性能的影响分析。重叠或非重叠的绕组形式直接影响电磁推力和推力波动率等参数[7-9]。韩国学者 M. J. Kamper 等分析比较非重叠和重叠绕组的轴向励磁无槽永磁电机的反电动势、电磁转矩、线圈铜线质量等参数[10]。文献［11-13］对比分析了采用非重叠和重叠绕组形式的无铁心直线电机的推力特性，结果表明：若忽略绕组端部的影响，非重叠绕组的电机单位铜损耗出力约为重叠绕组的电机单位铜损耗出力的 80%；若考虑绕组端部，非重叠绕组的电机单位铜损耗出力比重叠绕组的电机单位铜损耗出力要高。文献［14］研究了不同极槽比的分数槽集中绕组永磁电机绕组因数和铜损耗，分析了绕组直线部分、绕组端部的形状和尺寸对铜损耗的影响规律。文献［15］分别建立非重叠和重叠绕组无铁心永磁同步直线电机绕组因数计算模型，以此推导空载反电动势解析式，通过空载反电动势波动预估推力波动波形。上述研究仅分析两种绕组形式对无铁心或无槽永磁同步直线电机电磁推力和铜损耗的影响规律，但没有分析重叠与非重叠绕组对推力动子质量密度、电机常数和推力波动的影响规律。

为提高电磁推力并降低推力波动，国内外学者提出了多种新型的磁极结构，如：Halbach 永磁阵列、改进的 Halbach 永磁阵列等。文献［16，17］提出了两种新型 Halbach 永磁阵列，用于优化开口和半开口槽永磁同步直线电机，对比分析两种永磁阵列的气隙磁通密度波形、推力和推力波动率，两者各有优势。文献［18］提出了一种梯形形状 Halbach 永磁阵列应用于无槽圆筒型直线电机，使用径向叠加层法解析其气隙磁场分布，结果表明，通过优化梯形的倾斜角度能使气隙磁通密度提高约 45%。

对于有铁心永磁同步直线电机，许多学者集中研究定位力和推力波动的规律及其优化方法，研究直线感应电机的法向力波动较多，但是只有少量文献分析有铁心永磁同步直线电机的法向力波动。由于直线电机是由旋转电机演变而来，对于旋转电机转矩波动抑制方法可以借鉴用来抑制直线电机推力波动。Thomas M. Jahns 等学者一直从事永磁交流旋转电机转矩波动最小化技术的研究工作，分析转矩波动产生机理，提出了电机本体相关的多种优化方法：优化极弧系数、优化永磁体形状、斜极（槽）、分数槽、优化槽口形状和齿顶开槽等[19,20]。文献［21］分析了由齿槽效应引起的有铁心永磁同步直线电机定位力和法向力波动，但是未考虑到由端部效应产生的法向力波动。文献［22］通过有限元法分析永磁同步直线电机实现高的推力与法向力之比，但是没有给出法向力的解析式。文献［23］提出了一种双初级、单次级对称结构的永磁同步直线电机，通过有限元分析，对定位力、推力和法向力仿真结果进行傅里叶变换，研究通过改变两个初级铁心的齿槽比以及两者的相对位置以削弱定位力、推力和法向力的波动；也可以对双边初级绕组有效地电流控制实现推力的平稳性。

目前，研究永磁同步直线电机横向寄生力及其波动的参考文献很少。文献［24］通过三维磁网络法分析了初级铁心和永磁体的轴向中心线发生偏移时，永磁直线电机将产生横向力，但未分析铁心横向端部磁场。文献［25］提出了非斜极永磁体或 V 形永磁体的直线电机由于铁心横向两端磁场的对称性，理论上不会产生横向力；通过有限元法验证由于斜极永磁体产生的横向端部不对称磁链会导致横向力的产生，横向力引起振动和噪声。文献［26］通过三维磁网络法解析了永磁体轴向宽度与铁心叠片的轴向长度不同比例下，电机定位力、推力、法向力和横向力的变化规律。文献［27］提出了对于非倾斜永磁体直线电机，横向力取决于初次级横向错位长度，它的变化不仅和电流幅值相关，而且和电流相位角相关。

4.2　寄生力产生机理分析

4.2.1　无铁心 PMSLM 寄生力产生机理

在普通的应用背景下，无铁心 PMSLM 一般建立二维磁场模型进行分析，忽略了横向端部效应和永磁体横向端部漏磁，仅研究驱动方向（y 方向）的电磁推力，忽视了非驱动方向

（x 方向、z 方向）的电磁力。理论设计中常常假设永磁体充磁均匀、线圈成型规则、横向方向（x 方向）上永磁体的中心面与线圈直线部分的中心面重合、法向方向（z 方向）上电枢绕组的中心面与气隙中心面重合等。但是，实际上受加工制造和安装精度的限制，永磁体和电枢绕组的空间分布位置与理论设计可能存在一定的偏差。因此，本书以非重叠集中绕组无铁心 PMSLM 为具体研究对象，重点分析当永磁体和电枢绕组发生横向位置偏移时寄生力的产生机理。

图 4-1 为非重叠绕组无铁心 PMSLM 三维拓扑结构，设 x 为横向方向、y 为纵向方向、z 为法向方向、L_m 为横向宽度、L_e 为电枢绕组的直线部分长度、L_c 为非重叠绕组横向总长度。在二维磁场分析模型中，一般假设永磁体横向宽度与绕组直线部分长度相等，即 $L_m=L_e$，忽略横向端部效应和外悬效应的影响，默认横向方向和法向方向的电磁力等于零。但是，基于精密气浮运动平台的应用背景，从三维磁场模型出发，无铁心 PMSLM 存在一些不可忽略的问题：

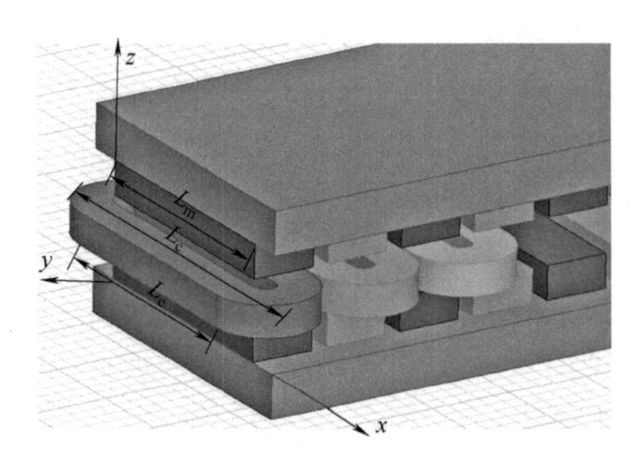

图 4-1　非重叠绕组无铁心 PMSLM 三维拓扑结构

（1）二维磁场分析模型中，电枢计算长度仅为绕组的直线部分，忽略了绕组端部产生的电磁推力。无论是 $L_m>L_e$ 还是 $L_m=L_e$，当绕组通入电流后，由于绕组端部处于电机横向端部空间磁场中，绕组端部都会产生 y 方向的电磁推力。

（2）根据洛仑兹力定律，无铁心 PMSLM 绕组在横向端部的空间磁场作用下产生 x、y、z 方向的电磁力。

（3）受现有加工和安装精度的限制，永磁体与电枢绕组的空间分布位置无法实现绝对的对称或均布，两者之间位置偏差会产生法向方向和横向方向的寄生力。

先以单个非重叠线圈作为分析对象，如图 4-2 所示，取线圈中心点为坐标原点，L_o 为在横向方向上永磁体中心线与线圈直线部分中心线的偏差。任取一匝线圈作为分析对象，A、B、C、D 四点为绕组端部一长度很小的单元线电流，A 点和 B 点、C 点和 D 点关于 x 轴对称，A 点和 D 点、B 点和 C 点关于 y 轴对称。

（1）若永磁体横向中心线与线圈直线部分的中心线重合，由于横向方向上磁场的对称性，A、D 两点的磁通密度 B_z 分量、电流密度 J_x 分量相同，而 J_y 分量幅值相等、方向相反，根据洛仑兹力定律，A、D 两点在 y 方向产生的电磁力叠加，在 x 方向产生的电磁力相互抵

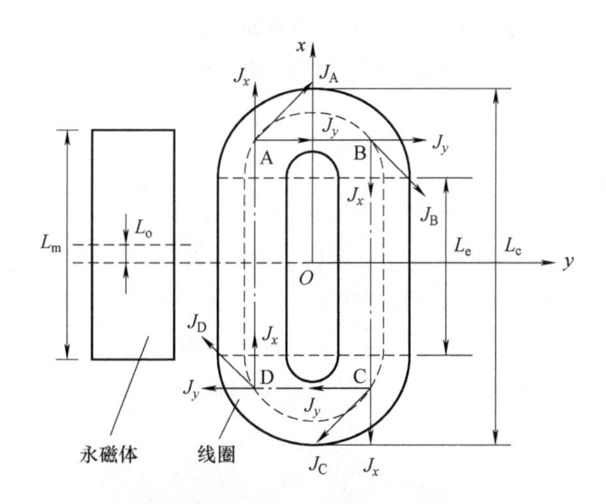

图 4-2　非重叠绕组无铁心 PMSLM 三维力分析模型

消。特别强调的是，A、B 两点磁通密度 B_z 分量在各个时刻不尽相同，故 A、B 两点在 y 方向产生的电磁力不会相互抵消。这说明，除绕组的直线部分外，绕组端部在横向端部空间磁场中也会产生较小的电磁推力。

（2）若永磁体横向中心线与线圈直线部分的中心线发生微小偏移，使得 A、D 两点的磁通密度 B_z 分量不同，而电流密度 J_x 分量相同，J_y 分量幅值相等、方向相反，根据洛仑兹力定律，A、D 两点在 y 方向产生的电磁力叠加，在 x 方向产生的电磁力不会相互抵消。同理，A、D 两点的磁通密度 B_x 分量、J_y 分量幅值相等、方向相反，根据洛仑兹力定律，两点在 z 方向产生了相叠加电磁力。这表明，由于电枢绕组横向两端磁场的非对称性，绕组端部在横向端部磁场内除了产生 y 方向的电磁推力外，还产生了 x 方向的横向电磁力、z 方向的法向电磁力。叠加三相电枢绕组端部产生的电磁力，可得出电机的三维力。

上述研究表明：对于无铁心 PMSLM，绕组的直线部分在气隙磁场作用下产生电磁推力，但是绕组端部在电机横向两端的空间磁场作用下会产生 x、y、z 方向的电磁力；当永磁体充磁不均匀、充磁方向非绝对一致、线圈形状不规则或永磁体和电枢绕组的空间分布位置发生偏移时，由于三维空间磁场分布的非对称性，电机会产生在非驱动方向上的电磁力。

由三相绕组的电流密度分布和式（3-47）空间磁通密度分布，得出电机三维电磁力的表达式为

$$\begin{cases} F_x = \int_V B_z \times J_y \mathrm{d}V + \int_V B_y \times J_z \mathrm{d}V \\ F_y = \int_V B_x \times J_z \mathrm{d}V + \int_V B_z \times J_x \mathrm{d}V \\ F_z = \int_V B_x \times J_y \mathrm{d}V + \int_V B_y \times J_x \mathrm{d}V \end{cases} \tag{4-1}$$

式中　F_x、F_y、F_z——分别为在 x、y、z 方向的电磁力；

V——三相绕组的直线部分和绕组端部体积。

4.2.2　有铁心 PMSLM 寄生力产生机理

图 4-3 为有铁心 PMSLM 三维拓扑结构，设 x 为横向方向、y 为纵向方向、z 为法向方向、L_m 为永磁体横向宽度、L_c 为初级铁心横向长度。在二维磁场分析模型中，一般假设永磁体横向宽度与绕组直线部分长度相等，即 $L_m=L_c$，忽略横向端部效应的影响，默认横向方向的电磁力等于零。但是，在精密气浮运动平台的应用背景中，横向端部效应和外悬效应是不可忽略的，从三维空间磁场角度出发，研究电机横向力的产生机理。

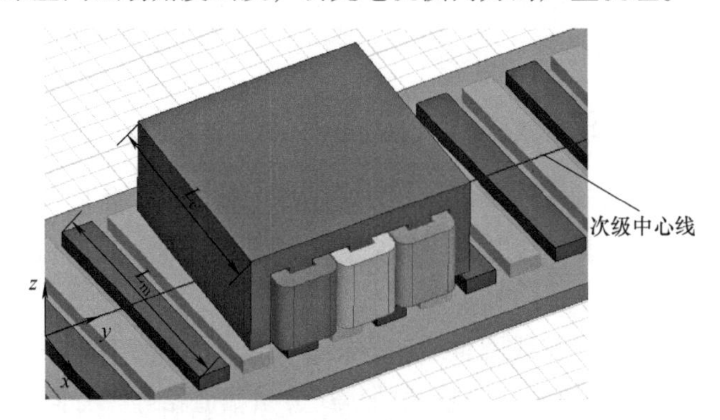

图 4-3　有铁心 PMSLM 三维拓扑结构

受现有加工和安装精度的限制，永磁体和初级铁心的空间相对位置与理论设计可能存在一定的偏差。为实现最大的磁利用率，一般设计永磁体横向宽度 L_m 不小于初级铁心的横向长度 L_c。图 4-4 为永磁体和铁心位置发生偏移的 y 方向视图，图 4-4a 中永磁体横向宽度等于铁心横向长度，即 $L_m=L_c$，L_o 为初级与次级在横向方向偏移量，图 4-4b 中永磁体横向宽度大于铁心横向长度，即 $L_m>L_c$，L_{ol} 和 L_{or} 为左、右外悬长度，若 $L_{ol}\neq L_{or}$，说明铁心和永磁体在横向方向上发生偏移。

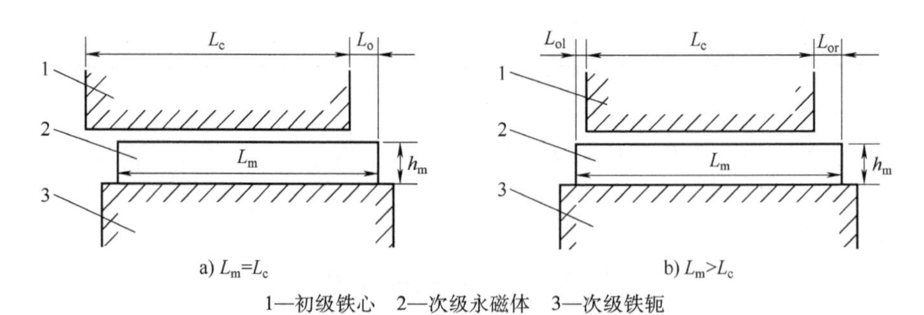

1—初级铁心　2—次级永磁体　3—次级铁轭

图 4-4　PMSLM 初级和次级位置偏移 y 方向视图

根据永磁体与初级铁心在横向方向上相对位置的不同，横向电磁力主要可分为以下两种情况：

（1）永磁体和初级铁心在横向方向上存在位置偏移。对于矩形永磁体、斜极或类 V 形斜极的磁极结构或斜槽结构，当永磁体的中心面与铁心的中心面发生横向偏移时，即 $L_o \neq 0$ 或 $L_{ol} \neq L_{or}$，由于气隙磁场在横向方向上关于 y 轴不对称分布，特别是横向两端区域的磁场畸变严重并且互不相同。因此，在空载或负载工作状态下，有铁心 PMSLM 在横向方向都会产生磁拉力，该横向力表现为回复力。

（2）永磁体和初级铁心无横向位置偏移。对于矩形永磁体、类 V 形斜极磁极结构，当永磁体的中心面与铁心中心面无横向偏移时，即 $L_o = 0$ 或 $L_{ol} = L_{or}$时，由于气隙磁场在横向方向上关于 y 轴呈对称分布，故 PMSLM 在空载或负载工作状态下都不会产生横向力。

对于斜极永磁体或斜槽结构，当永磁体的中心面与铁心中心面无横向偏移时，由于斜极或斜槽使得电机的气隙磁通密度关于 y 轴呈不对称分布，当初级铁心为斜齿槽结构时，铁心内倾斜的载流导体电流密度可分解为 J_x 分量和 J_y 分量，根据洛伦兹力定律，J_y 分量会产生横向方向的电磁力；当永磁体为斜极等非对称结构时，将永磁体励磁作用等效为载流导体，而电枢绕组电流等效为场源，由于永磁体等效的倾斜载流导体的电流密度也能分解为 J_x 分量和 J_y 分量，根据洛伦兹力定律，故斜极有铁心 PMSLM 在负载状态下产生横向力。但是，当三相电枢绕组不通入电流时，即空载的工作状态，若永磁体的中心面与铁心中心面无横向偏移现象，斜极 PMSLM 不会产生横向电磁力。因此，横向电磁力是伴随电磁推力而产生的寄生力。

上述研究表明：有铁心永磁同步直线电机在横向方向上气隙磁场的非对称性是产生横向力的根本原因；由于初级铁心开齿槽和铁心开断，动子在行进过程中，气隙磁阻不断发生改变，使电机的横向电磁力随永磁体与齿槽相对位置的不同而发生变化，故齿槽效应和纵向端部效应是产生横向力波动的主要原因。有铁心 PMSLM 横向力取决于初级和次级的横向错位长度，对于斜极有铁心 PMSLM，永磁体的倾斜长度决定横向力大小，同时，横向力也和三相绕组的电流幅值及相位角直接相关。

对于无槽或有铁心 PMSLM，法向力也是寄生力的一种，永磁同步直线电机的法向力及其波动是气隙磁场作用的结果，而空载气隙磁场又是永磁体产生的励磁磁场与不断发生变化的气隙磁阻相互作用产生的。因此，磁阻力是引起有铁心 PMSLM 空载法向力波动的主要原因，可分为由齿槽效应引起的空载法向力波动和由纵向端部效应引起的空载法向力波动。这说明齿槽效应和纵向端部效应是有铁心 PMSLM 产生法向力波动和横向力波动的主要原因。

综上所述，不管是无铁心、无槽或有铁心类型，三维空间磁场分布的不对称性是永磁同步直线电机产生寄生力或寄生力矩的根本原因；齿槽效应和纵向端部效应是产生寄生力波动的主要原因。对于无铁心 PMSLM，由于无齿槽效应和纵向端部效应，寄生力波动极小。

4.3　无铁心 PMSLM 三维电磁力分析

4.3.1　无铁心 PMSLM 三维电磁力解析

无铁心 PMSLM 电磁推力解析可分为两种方法：

（1）由二维磁场模型得到的气隙磁通密度分布推导电磁推力解析式。

（2）由三维磁场模型得到的三维空间磁通密度分布推导三维电磁力解析式。

由于基于二维磁场的解析法忽略了绕组端部产生的电磁推力和横向端部效应及外悬效应，其推力计算结果存在一定的误差。因此，需要开展基于二维磁场的电磁推力解析和基于三维磁场的三维电磁力解析的研究。

由于无铁心直线电机电枢反应磁场很弱，可采用空载气隙磁通密度分布，结合三相环形绕组的电流密度分布，推导出电磁推力表达式。

参考图 2-7 非重叠绕组无铁心 PMSLM 层分析模型，以 A 相绕组为例，根据安培定律，由 A 相绕组产生电磁推力为

$$F_{\mathrm{A}}=\int B_y L_{\mathrm{ef}} J \mathrm{d}x\mathrm{d}y \tag{4-2}$$

A 相绕组的电流密度分布函数为

$$J_{\mathrm{a}}(x)=\begin{cases}J_{\mathrm{a}} & x_0 \leqslant x \leqslant x_0+d \\ -J_{\mathrm{a}} & x_0+D-d \leqslant x \leqslant x_0+D\end{cases} \tag{4-3}$$

式中　$J_{\mathrm{a}}=\dfrac{\sqrt{2}N_{\mathrm{s}}I\sin(\omega t+\theta_0)}{2adh_{\mathrm{c}}}$

非重叠绕组电机虚槽槽满率为

$$S_{\mathrm{f}}=\frac{N_{\mathrm{s}}A_{\mathrm{d}}}{2dh_{\mathrm{c}}} \tag{4-4}$$

式中　A_{d}——单个导线的截面积。

设 p 为极对数，则 A 相绕组产生的电磁推力为

$$F_{\mathrm{A}}=\sum_{n=1}^{\infty}H_1(n)\sin(\omega t+\theta_0)\cos\left[m_n\left(x_0+\frac{2\tau}{3}\right)\right]\sin\left(m_n\frac{D-d}{2}\right)\sin\left(m_n\frac{d}{2}\right) \tag{4-5}$$

式中，$H_1(n)=\dfrac{p}{2}\dfrac{8\sqrt{2}S_{\mathrm{f}}IL_{\mathrm{ef}}}{m_n aA_{\mathrm{d}}}B_{n1}\sinh\left(m_n\dfrac{h_{\mathrm{c}}}{2}\right)$

同理可得，B、C 相绕组产生的电磁推力，叠加可得非重叠分数槽绕组无铁心 PMSLM 的电磁推力解析式为

$$F_{\mathrm{em}}=\sum_{n=1}^{\infty}H_1(n)\sin\left(m_n\frac{D-d}{2}\right)\sin\left(m_n\frac{d}{2}\right)f_1(t) \tag{4-6}$$

式中　$f_1(t)=\sin(\omega t+\theta_0)\cos\left[m_n\left(x_0+\dfrac{2\tau}{3}\right)\right]+\sin\left(\omega t+\theta_0+\dfrac{2\pi}{3}\right)\cdot$

$\cos\left[m_n\left(x_0+\dfrac{10\tau}{3}\right)\right]+\sin\left(\omega t+\theta_0-\dfrac{2\pi}{3}\right)\cos[m_n(x_0+2\tau)]$

同理，根据重叠集中绕组的电流密度分布，推导重叠绕组无铁心 PMSLM 的电磁推力解析式。参考图 2-9 重叠绕组无铁心 PMSLM 层分析模型，对于重叠集中绕组，A 相绕组产生电磁推力为

$$dF_{\mathrm{A}}=B_{y1}JL_{\mathrm{ef}}\mathrm{d}x\mathrm{d}y \tag{4-7}$$

A 相绕组的电流密度分布函数为

$$J_{a}(x)=\begin{cases} J_{a} & x_{0}\leqslant x\leqslant x_{0}+b \\ -J_{a} & x_{0}+\dfrac{3b_{t}}{2}\leqslant x\leqslant x_{0}+\dfrac{3b_{t}}{2}+b \end{cases} \tag{4-8}$$

式中，$J_{a}=\dfrac{\sqrt{2}N_{s}I\sin(\omega t+\theta_{0})}{2h_{c}b}$。

重叠绕组电机虚槽槽满率为

$$S_{f}=\frac{N_{s}A_{d}}{2bh_{c}} \tag{4-9}$$

p 为极对数，则 A 相绕组产生的电磁推力为

$$F_{A}=\sum_{n=1}^{\infty}H_{2}(n)\sin(\omega t+\theta_{0})\cos\left[m_{n}\left(x_{0}+\frac{b}{2}+\frac{\tau}{2}\right)\right]\sin\left(m_{n}\frac{b}{2}\right)\sin\left(m_{n}\frac{\tau}{2}\right) \tag{4-10}$$

式中，$H_{2}(n)=\dfrac{8\sqrt{2}pB_{n1}IL_{ef}S_{f}}{m_{n}aA_{d}}\sinh\left(m_{n}\dfrac{h_{c}}{2}\right)$。

同理可得，B、C 相绕组产生的电磁推力，叠加可得重叠分数槽绕组无铁心直线电机的电磁推力为

$$F_{em}=\sum_{n=1}^{\infty}H_{2}(n)\sin\left(m_{n}\frac{b}{2}\right)\sin\left(m_{n}\frac{\tau}{2}\right)f_{2}(t) \tag{4-11}$$

式中　$f_{2}(t)=\sin(\omega t+\theta_{0})\cos\left[m_{n}\left(x_{0}+\dfrac{b}{2}+\dfrac{\tau}{2}\right)\right]+\sin\left(\omega t+\theta_{0}+\dfrac{2\pi}{3}\right)\cos\left[m_{n}\left(x_{0}+\dfrac{b}{2}+\dfrac{7\tau}{6}\right)\right]-$

$$\sin\left(\omega t+\theta_{0}-\frac{2\pi}{3}\right)\cos\left[m_{n}\left(x_{0}+\frac{b}{2}+\frac{5\tau}{6}\right)\right]$$

由无铁心 PMSLM 的三维空间磁通密度解析表达式，可推导出电机在 x、y、z 三个方向的三维电磁力解析式。以 4 极 3 槽的非重叠分数槽集中绕组单元电机为具体分析对象，研究绕组端部产生三维电磁力的规律。

根据绕组直线部分与绕组端部分离法，在笛卡尔坐标系和极坐标系下分别解析绕组直线部分和绕组端部产生的三维电磁力，相互叠加得出非重叠集中绕组无铁心 PMSLM 总的三维电磁力解析式。如图 4-5 所示，在 xOy 笛卡尔坐标系中分析绕组直线部分产生的三维力；在以 O_{c1}，O_{c2}为原点的极坐标系中分析绕组端部产生的三维力。在绕组直线部分，仅存在电流密度 J_{x} 分量；在绕组端部，存在电流密度 J_{x} 和 J_{y} 分量，因此式（4-1）三维电磁力的表达式可简化为

$$\begin{cases} F_{x}=\displaystyle\int_{V_{c1}+V_{c2}}B_{z}\times J_{y}\mathrm{d}V \\ F_{y}=\displaystyle\int_{V_{c1}+V_{c2}}B_{z}\times J_{x}\mathrm{d}V+\int_{V_{1}}B_{z}\times J_{x}\mathrm{d}V \\ F_{z}=\displaystyle\int_{V_{c1}+V_{c2}}B_{x}\times J_{y}\mathrm{d}V+\int_{V_{c1}+V_{c2}}B_{y}\times J_{x}\mathrm{d}V+\int_{V_{1}}B_{y}\times J_{x}\mathrm{d}V \end{cases} \tag{4-12}$$

式中　V_{c1}、V_{c2}、V_1——分别为绕组端部上部分、下部分和绕组直线部分的体积。

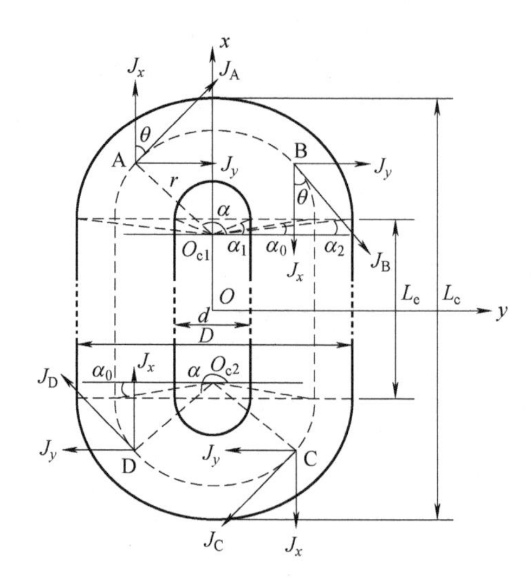

图 4-5　单个非重叠线圈组模型

图 4-5 为非重叠线圈组半个平面模型，设线圈组的中心点为坐标原点，线圈端部呈圆弧形，根据几何关系，上半部分圆弧对应的圆心为 O_{c1}点，下半部分圆弧对应的圆心为 O_{c2}点。对于形状已知的非重叠线圈组，设 O_{c1}点坐标为（$x_0,0,z_0$），x_0 为一确定值，则 O_{c2}点坐标为（$-x_0,0,z_0$）。A、B、C、D 四点为绕组端部一长度很小的单元线电流，A 点和 B 点、C 点和 D 点关于 x 轴对称，A 点和 D 点、B 点和 C 点关于 y 轴对称。

r_1 和 α_1 为环形绕组端部内弧的半径和起始角度，r_2 和 α_2 为环形绕组端部外弧的半径和起始角度，r 和 α_0 为虚线处一匝环形线圈对应圆弧的半径和起始角度，各个参数之间的关系为

$$\begin{cases} 4r_2\cos\left(\dfrac{\alpha_1}{2}+\dfrac{\pi}{4}\right)=\sqrt{D^2+(L_c-L_e)^2} \\ 4r_1\cos\left(\dfrac{\alpha_2}{2}+\dfrac{\pi}{4}\right)=\sqrt{d^2+(L_c-L_e-D+d)^2} \\ L_e-|x_0|=r\sin\alpha_0=r_1\sin\alpha_1=r_2\sin\alpha_2 \end{cases} \tag{4-13}$$

若 $L_e/2=|x_0|$，则各个参数为 $r_1=\dfrac{d}{2}$、$r_2=\dfrac{D}{2}$、$\alpha_0=0$、$\alpha_1=0$、$\alpha_2=0$。

设该线圈组属于 A 相绕组，线圈端部的电流体密度为

$$J_{ae}=\frac{\sqrt{2}N_sI\sin(\omega t+\theta_0)}{a[(\pi-2\alpha_2)r_2^2-(\pi-2\alpha_1)r_1^2]h_c} \tag{4-14}$$

线圈直线部分的电流体密度分布函数为

$$J_x=\begin{cases} J_{al} & -D/2\leqslant x\leqslant -d/2 \\ -J_{al} & d/2\leqslant y\leqslant D/2 \end{cases} \tag{4-15}$$

式中，$J_{\mathrm{al}}=\dfrac{\sqrt{2}N_{\mathrm{s}}I\sin(\omega t+\theta_0)}{2aL_{\mathrm{e}}dh_{\mathrm{c}}}$。

由于 $y=r\cos\alpha$、$x=r\sin\alpha$、$J_y=J_{\mathrm{a}}\sin\theta=J_{\mathrm{a}}\sin\alpha$、$J_x=J_{\mathrm{a}}\cos\theta=J_{\mathrm{a}}\cos\alpha$，故线圈端部上半部分产生三维电磁力为

$$\begin{cases}F_{\mathrm{A\_}x\mathrm{\_c1}}=\displaystyle\int_{a_0}^{\pi-a_0}\int_{r_1}^{r_2}\int_{-h_c/2}^{h_c/2}B_{z\_p}(r\sin\alpha,r\cos\alpha,z)J_{\mathrm{ae}}\sin\alpha\mathrm{d}\alpha\mathrm{d}r\mathrm{d}z\\F_{\mathrm{A\_}y\mathrm{\_c1}}=\displaystyle\int_{a_0}^{\pi-a_0}\int_{r_1}^{r_2}\int_{-h_c/2}^{h_c/2}B_{z\_p}(r\sin\alpha,r\cos\alpha,z)J_{\mathrm{ae}}\cos\alpha\mathrm{d}\alpha\mathrm{d}r\mathrm{d}z\\F_{\mathrm{A\_}z\mathrm{\_c1}}=\displaystyle\int_{a_0}^{\pi-a_0}\int_{r_1}^{r_2}\int_{-h_c/2}^{h_c/2}[B_{x\_p}(r\sin\alpha,r\cos\alpha,z)J_{\mathrm{ae}}\sin\alpha+B_{y\_p}(r\sin\alpha,r\cos\alpha,z)J_{\mathrm{ae}}\cos\alpha]\mathrm{d}\alpha\mathrm{d}r\mathrm{d}z\end{cases}\tag{4-16}$$

同理，把极坐标系的原点从点 O_{c1} 移动到点 O_{c2}，可得线圈端部下半部分产生三维电磁力为

$$\begin{cases}F_{\mathrm{A\_}x\mathrm{\_c2}}=\displaystyle\int_{\pi+a_0}^{2\pi-a_0}\int_{r_1}^{r_2}\int_{-h_c/2}^{h_c/2}B_{z\_p}(r\sin\alpha,r\cos\alpha,z)J_{\mathrm{ae}}\sin\alpha\mathrm{d}\alpha\mathrm{d}r\mathrm{d}z\\F_{\mathrm{A\_}y\mathrm{\_c2}}=\displaystyle\int_{\pi+a_0}^{2\pi-a_0}\int_{r_1}^{r_2}\int_{-h_c/2}^{h_c/2}B_{z\_p}(r\sin\alpha,r\cos\alpha,z)J_{\mathrm{ae}}\cos\alpha\mathrm{d}\alpha\mathrm{d}r\mathrm{d}z\\F_{\mathrm{A\_}z\mathrm{\_c2}}=\displaystyle\int_{\pi+a_0}^{2\pi-a_0}\int_{r_1}^{r_2}\int_{-h_c/2}^{h_c/2}[B_{x\_p}(r\sin\alpha,r\cos\alpha,z)J_{\mathrm{ae}}\sin\alpha+B_{y\_p}(r\sin\alpha,r\cos\alpha,z)J_{\mathrm{ae}}\cos\alpha]\mathrm{d}\alpha\mathrm{d}r\mathrm{d}z\end{cases}\tag{4-17}$$

线圈直线部分产生的三维电磁力为

$$\begin{cases}F_{\mathrm{A\_}y\mathrm{\_l}}=\displaystyle\int_{-L_e/2}^{L_e/2}\int_{-h_c/2}^{h_c/2}\left[\int_{-D/2}^{-d/2}B_{z\_p}(x,y,z)J_{\mathrm{al}}\mathrm{d}y-\int_{d/2}^{D/2}B_{z\_p}(x,y,z)J_{\mathrm{al}}\mathrm{d}y\right]\mathrm{d}x\mathrm{d}z\\F_{\mathrm{A\_}z\mathrm{\_l}}=\displaystyle\int_{-L_e/2}^{L_e/2}\int_{-h_c/2}^{h_c/2}\left[\int_{-D/2}^{-d/2}B_{y\_p}(x,y,z)J_{\mathrm{al}}\mathrm{d}y-\int_{d/2}^{D/2}B_{y\_p}(x,y,z)J_{\mathrm{al}}\mathrm{d}y\right]\mathrm{d}x\mathrm{d}z\end{cases}\tag{4-18}$$

叠加线圈端部上、下部分和线圈直线部分产生的三维力可得一个线圈组产生的三维电磁力为

$$\begin{cases}F_{\mathrm{A\_}x}=F_{\mathrm{A\_}x\mathrm{\_c1}}+F_{\mathrm{A\_}x\mathrm{\_c2}}+F_{\mathrm{A\_}x\mathrm{\_l}}\\F_{\mathrm{A\_}y}=F_{\mathrm{A\_}y\mathrm{\_c1}}+F_{\mathrm{A\_}y\mathrm{\_c2}}+F_{\mathrm{A\_}y\mathrm{\_l}}\\F_{\mathrm{A\_}z}=F_{\mathrm{A\_}z\mathrm{\_c1}}+F_{\mathrm{A\_}z\mathrm{\_c2}}+F_{\mathrm{A\_}z\mathrm{\_l}}\end{cases}\tag{4-19}$$

对于 B、C 两相绕组，线圈端部和线圈直线部分的电流体密度分布为

$$\begin{cases}J_{\mathrm{be}}=\dfrac{\sqrt{2}N_{\mathrm{s}}I\sin\left(\omega t+\theta_0-\dfrac{2\pi}{3}\right)}{a[(\pi-2\alpha_2)r_2^2-(\pi-2\alpha_1)r_1^2]h_{\mathrm{c}}},J_{\mathrm{bl}}=\dfrac{\sqrt{2}N_{\mathrm{s}}I\sin\left(\omega t+\theta_0-\dfrac{2\pi}{3}\right)}{2aL_{\mathrm{e}}dh_{\mathrm{c}}}\\J_{\mathrm{ce}}=\dfrac{\sqrt{2}N_{\mathrm{s}}I\sin\left(\omega t+\theta_0+\dfrac{2\pi}{3}\right)}{a[(\pi-2\alpha_2)r_2^2-(\pi-2\alpha_1)r_1^2]h_{\mathrm{c}}},J_{\mathrm{cl}}=\dfrac{\sqrt{2}N_{\mathrm{s}}I\sin\left(\omega t+\theta_0+\dfrac{2\pi}{3}\right)}{2aL_{\mathrm{e}}dh_{\mathrm{c}}}\end{cases}\tag{4-20}$$

对于 B、C 两相绕组，线圈端部和线圈直线部分的空间磁通密度分布为

$$\begin{cases}B_{\mathrm{B}\_x\_p}=B_{x\_p}(r\sin\alpha,r\cos\alpha+b_{\mathrm{s}},z)=B_{\mathrm{B}\_x\_p}=B_{x\_p}(x,y+b_{\mathrm{s}},z)\\B_{\mathrm{B}\_y\_p}=B_{y\_p}(r\sin\alpha,r\cos\alpha+b_{\mathrm{s}},z)=B_{\mathrm{B}\_y\_p}=B_{y\_p}(x,y+b_{\mathrm{s}},z)\\B_{\mathrm{B}\_z\_p}=B_{z\_p}(r\sin\alpha,r\cos\alpha+b_{\mathrm{s}},z)=B_{\mathrm{B}\_z\_p}=B_{z\_p}(x,y+b_{\mathrm{s}},z)\end{cases}\tag{4-21}$$

$$\begin{cases}B_{\mathrm{C}\_x\_p}=B_{x\_p}(r\sin\alpha,r\cos\alpha+2b_{\mathrm{s}},z)=B_{\mathrm{C}\_x\_p}=B_{x\_p}(x,y+2b_{\mathrm{s}},z)\\B_{\mathrm{C}\_y\_p}=B_{y\_p}(r\sin\alpha,r\cos\alpha+2b_{\mathrm{s}},z)=B_{\mathrm{C}\_y\_p}=B_{y\_p}(x,y+2b_{\mathrm{s}},z)\\B_{\mathrm{C}\_z\_p}=B_{z\_p}(r\sin\alpha,r\cos\alpha+2b_{\mathrm{s}},z)=B_{\mathrm{C}\_z\_p}=B_{z\_p}(x,y+2b_{\mathrm{s}},z)\end{cases}\tag{4-22}$$

式（4-20）~式（4-22）中B、C两相绕组的电流体密度分布和空间磁通密度分布代入式（4-16）~式（4-18）可得B、C两相绕组产生的三维力，叠加得出非重叠分数槽集中绕组无铁心PMSLM三维电磁力解析表达式为

$$\begin{cases}F_x=F_{\mathrm{A}\_x}+F_{\mathrm{B}\_x}+F_{\mathrm{C}\_x}\\F_y=F_{\mathrm{A}\_y}+F_{\mathrm{B}\_y}+F_{\mathrm{C}\_y}\\F_z=F_{\mathrm{A}\_z}+F_{\mathrm{B}\_z}+F_{\mathrm{C}\_z}\end{cases}\tag{4-23}$$

上述的三维电磁力解析法假设在横向方向（x方向）上永磁体的中心面与线圈直线部分的中心面重合，即$L_{\mathrm{o}}=0$。若永磁体的中心面与线圈直线部分的中心面发生横向位置偏移，即$L_{\mathrm{o}}\neq0$，只需将三维空间的磁通密度分布表达式中x变量替换为$x-L_{\mathrm{o}}$，代入式（4-16）~式（4-22），可得出永磁体和电枢绕组发生横向偏移时的三维电磁力解析表达式。同理，该解析法也适合于重叠绕组ACPMSLM三维力解析，此处不再赘述。

综上所述，所提出的绕组直线部分与绕组端部分离法是无铁心PMSLM三维电磁力精确解析的重要方法，为研究相关电磁参数对无铁心PMSLM绕组端部产生电磁推力和横向力的变化规律提供了理论基础。

4.3.2 无铁心PMSLM电磁推力与横向力变化规律

基于二维磁场的电磁推力解析表达式忽略了绕组端部产生的电磁推力，其计算结果存在一定的误差，但是基于二维磁场的解析法相对简单，计算速度快，常作为电机设计的重要方法。因此，下面将分析上述两种解析方法的折算关系。

首先研究无铁心PMSLM绕组端部产生的三维电磁力。三维有限元法是分析三维力的重要方法，由于绕组端部产生电磁力相对很小，要求剖分足够细，使得计算时间非常长，因此采用有限元法和解析法相结合的半解析分析法研究无铁心PMSLM三维电磁力，特别是绕组端部产生的电磁力变化规律，以解析法为主要手段分析绕组端部尺寸与三维电磁力的关系，再通过三维有限元法修正计算结果。

暂不考虑无铁心PMSLM加工和装配等影响，假设初级和次级的空间相对位置与理论设计一致，分析在不同的永磁体横向长度下，4极3槽ACPMSLM绕组端部产生的电磁力。图4-6为ACPMSLM初级与次级相对位置无偏移的分析模型，根据表2-1线圈直线部分长度为$L_{\mathrm{e}}=72\mathrm{mm}$，设线圈端部的内外圆弧所对应的圆心的$x$坐标$\pm L_{\mathrm{e}}/2$，则环形线圈横向总长度$L_{\mathrm{c}}=103\mathrm{mm}$，永磁体横向长度为$L_{\mathrm{m}}$，上、下外悬长度为$L_{\mathrm{u}}$和$L_{\mathrm{d}}$，并且$L_{\mathrm{u}}=L_{\mathrm{d}}$。在二维磁场

分析模型中，默认永磁体横向长度等于线圈直线部分长度，没有考虑横向端部效应和外悬长度对电磁力的影响。但是在三维磁场模型中，有必要分析外悬长度对电机电磁推力的影响规律。

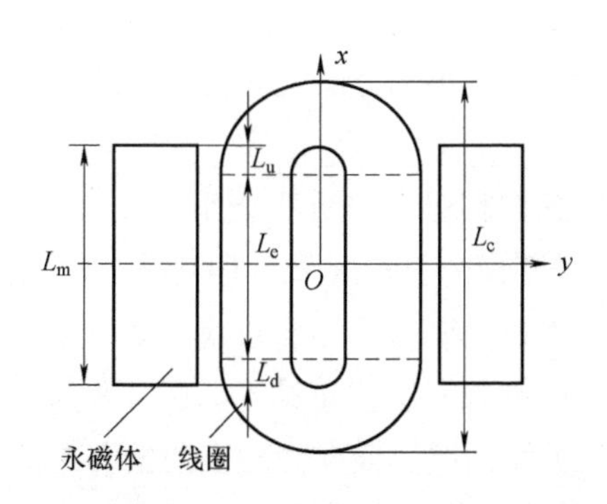

图 4-6　ACPMSLM 初级与次级相对位置无偏移模型

图 4-7 为相电流有效值为 6A 时，外悬长度与电磁推力的关系曲线。电磁推力随外悬长度的增大而相应增大，但是增大速度逐渐放缓；当上下外悬长度大于 10mm 时，电磁推力几乎不再增大。与外悬长度为零相比，当外悬长度为 2mm 时，电磁推力增大约 5.2%；当外悬长度为 10mm 时，电磁推力增大约 13%，表明当永磁体横向长度大于线圈直线部分长度时，非重叠绕组的绕组端部也是产生电磁推力的重要部分。当外悬长度为零时，电磁推力为 73.5N，而二维有限元法仿真得到的电磁推力约为 75.9N，说明横向端部效应导致在横向方向上电机的气隙磁通密度逐步衰减，使得二维有限元仿真结果比实际值偏大。

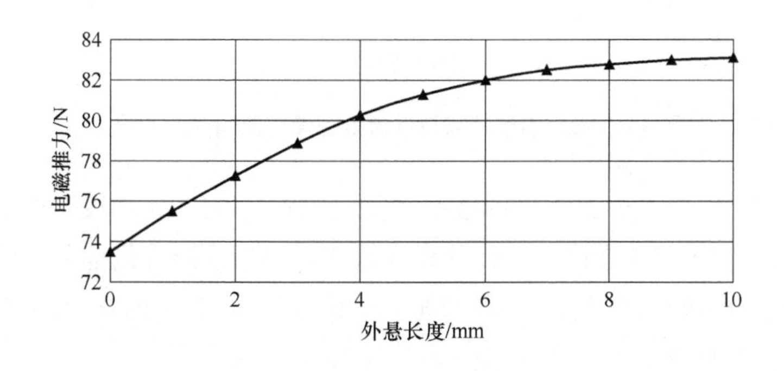

图 4-7　外悬长度与电磁推力的关系曲线（$I=6$A）

由于三维有限元法的计算时间较长，为节约运算时间，常采用二维有限元法验证电机设计结果。因此，根据不同外悬长度下由三维磁场推导出的电磁推力规律，得出二维解析法/二维有限元法计算的电磁推力与三维解析法/三维有限元法计算的电磁推力的相互折算关系。

例如对于实际非重叠无铁心 PMSLM 样机，永磁体横向长度为 72mm、线圈直线部分长度为 70mm、对称外悬长度为 1mm，由图 4-7 可得电磁推力为 75.5N，而二维有限元法仿真得到的电磁推力约为75.9N，两者解析法得出的计算结果的折算关系为1：0.99。因此，为简化运算，采用二维解析法或二维有限元法计算电磁推力，同时需要考虑在不同外悬长度下二维解析法与三维解析法得到的电磁推力的等效折算关系。研究表明：横向端部效应减少了横向端部区域气隙磁通密度，使输出推力值有所降低；但是外悬效应削弱了横向端部效应的效果，同时，电枢绕组端部也产生一小部分的电磁推力，故实际的电磁推力可能比二维解析法得到的电磁推力大。

当初级与次级发生横向位置偏移时，非重叠绕组无铁心PMSLM产生横向寄生力。以4极3槽无铁心PMSLM为例，线圈横向总长度$L_c=103$mm，设线圈的直线部分长度等于永磁横向宽度，即$L_m=L_e$，把永磁体和绕组的尺寸参数代入式（4-23），采用Matlab软件计算得到其横向力的数值，再通过三维有限元法修正结果。图4-8为$I=6$A时电机永磁体和电枢绕组的横向偏移距离与横向力的关系曲线。横向力随横向偏移距离增大而增大，当偏移距离大于2mm时，横向力增加速度变缓；当偏移距离大于16.5mm时，横向力约为6.2N，由于电枢绕组端部一侧全位于气隙磁场中，另一侧位于电机外部空间，故横向力不再变化。值得注意的是，由于无齿槽效应和纵向端部效应，无铁心PMSLM横向力波动极小，常规应用场合可以忽略不计。

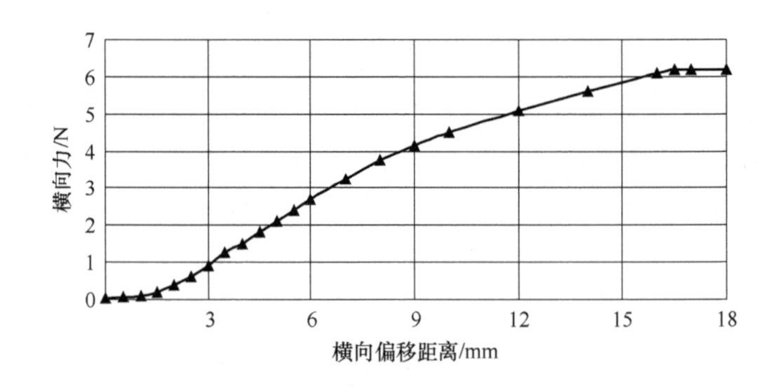

图4-8 横向偏移距离与横向力的关系曲线（$I=6$A）

实际工程计算中，受电机加工和装配等影响，无铁心PMSLM初级与次级的横向偏移距离一般在2mm内。对于实验样机，2mm的横向偏移距离为线圈直线部分长度的2.78%，一个4极3槽的单元电机横向寄生力约为0.5N，为相应的电磁推力的0.7%，对微米级精度的精密气浮定位系统影响极小。

综上所述，在外部空间允许的情况下，应设计永磁体横向长度大于线圈的直线部分长度，有效地利用电枢绕组端部输出电磁推力的特点，提高无铁心PMSLM推力密度。在容许的加工或装配误差范围内，横向寄生力在相应电磁推力的1%以下，横向力波动几乎为零，但是对于开发纳米级定位精度的无铁心PMSLM，横向力研究是不可忽视的。本书研究得到的初次级横向偏移距离、外悬长度等电磁参数对无铁心PMSLM绕组端部产生电磁推力、横向力的影响规律，为电机动力学精确建模和三维力波动精确补偿控制提供理论依据。

4.4　有铁心 PMSLM 三维电磁力分析

4.4.1　有铁心 PMSLM 三维电磁力解析

对于有铁心 PMSLM，在空载工作状态时，三维电磁力表现为定位力、空载法向力和空载横向力；在负载工作状态时，三维电磁力表现为水平电磁推力、负载法向力和负载横向力。电磁力的解析计算方法主要有：麦克斯韦应力法、虚位移法和洛伦兹力定律。在 PMSLM 考虑纵向端部效应的磁场解析的基础上，采用麦克斯韦应力法分析空载和负载状态下电机的定位力（或电磁推力）和法向力，在空载状态下，切向电磁力表现为电机的定位力。

在电机系统中，认为 μ 不随磁质变形而改变，故力密度 f 为

$$\boldsymbol{f}=\boldsymbol{J}\times\boldsymbol{B}-\frac{1}{2}\boldsymbol{H}^2\mathrm{grad}\mu \tag{4-24}$$

磁场的张力张量 $\boldsymbol{T}$ 和有质动力 $\boldsymbol{f}$ 存在以下关系：

$$\boldsymbol{f}=\mathrm{div}\boldsymbol{T} \tag{4-25}$$

结合 $\mathrm{rot}\boldsymbol{H}=\boldsymbol{J}$，$\mathrm{div}\boldsymbol{B}=0$，故

$$\boldsymbol{T}=\begin{bmatrix} B_xH_x-\frac{1}{2}\boldsymbol{BH} & B_xH_y & B_xH_z \\ B_yH_y & B_yH_y-\frac{1}{2}\boldsymbol{BH} & B_yH_z \\ B_zH_x & B_zH_y & B_zH_z-\frac{1}{2}\boldsymbol{BH} \end{bmatrix} \tag{4-26}$$

化简可得作用在面积元 $\mathrm{d}\boldsymbol{S}$ 上的麦克斯韦应力 $\boldsymbol{t}$ 为

$$\boldsymbol{t}=(\boldsymbol{B}\cdot\boldsymbol{n})\boldsymbol{H}-\frac{1}{2}\boldsymbol{BHn} \tag{4-27}$$

式中　$\boldsymbol{n}$——$\mathrm{d}\boldsymbol{S}$ 的单位法向量。

故作用在包围 V 的任意闭合曲线 S 上的电磁力 $\boldsymbol{F}$ 为

$$\boldsymbol{F}=\int_V\boldsymbol{f}\mathrm{d}V=\oint_S\boldsymbol{t}\mathrm{d}S=\oint_S\left[(\boldsymbol{B}\cdot\boldsymbol{n})\boldsymbol{H}-\frac{1}{2}\boldsymbol{BHn}\right]\mathrm{d}\boldsymbol{S} \tag{4-28}$$

在二维平面中，作用在直线电机动子上的总电磁力 $\boldsymbol{F}$ 为

$$\boldsymbol{F}=\oint_l\frac{L_c}{\mu_0}\left[(\boldsymbol{B}\cdot\boldsymbol{n})\boldsymbol{H}-\frac{1}{2}\boldsymbol{BHn}\right]\mathrm{d}\boldsymbol{l} \tag{4-29}$$

式中　L_c——初级铁心横向长度；

　　l——包围初级铁心的积分路径。

由于 $\boldsymbol{B}=B_xn_x+B_yn_y$，化简可得有铁心 PMSLM 电磁推力和法向力解析式

$$F_x = \int_l \frac{L_c}{\mu_0}[n_x(B_x^2-B_y^2)+2n_yB_xB_y]\mathrm{d}l \tag{4-30}$$

$$F_y = \int_l \frac{L_c}{\mu_0}[n_y(B_y^2-B_x^2)+2n_xB_xB_y]\mathrm{d}l \tag{4-31}$$

麦克斯韦应力法计算过程中，积分曲面/线为任选，只要包含电机初级即可。图 4-9 为短初级长次级的平板型 PMSLM 电磁力积分路径模型，在铁心和空气的交界面处，磁通密度 B 是连续的，因此选择接近初级铁心表面作为积分曲面。常规的分析方法选择包围初级铁心的积分路径为 A_1—B_n—C_n—D_1，但 A_1—D_1 和 B_n—C_n 段为电机纵向端部边缘，端部效应造成端部的开域磁场发生很大的畸变，很难准确解析出电机纵向端部边缘处的磁通密度分布。

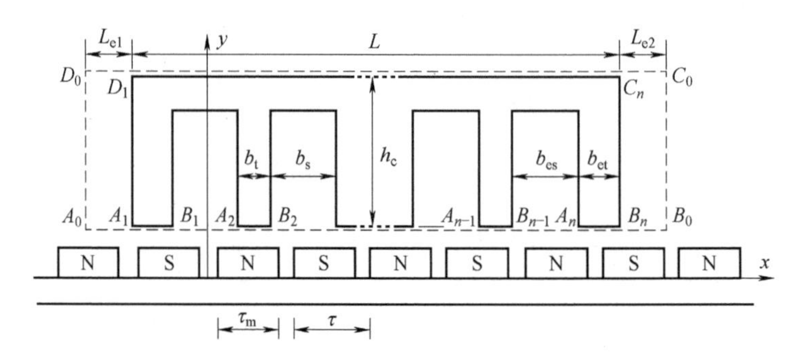

图 4-9 改进的短初级长次级 PMSLM 积分路径

因此，在纵向端部效应动态模型的基础上，本书提出改进的包围初级铁心的积分路径 l 为 A_0—A_1—B_1—A_2—B_2—⋯—A_{n-1}—B_{n-1}—A_n—B_n—B_0—C_0—D_0。该积分路径分为 4 段：

第一段，A_0—A_1、A_1—B_1、A_n—B_n 和 B_n—B_0 段，受纵向端部效应的影响，磁场畸变较大，而 A_1—B_1 段和 A_n—B_n 段又分为纵向端部效应区域和齿槽效应区域，其中纵向端部效应区域靠近铁心边缘处，仅受端部效应影响；齿槽效应区域几乎不受纵向端部效应影响，$-g' \leqslant x \leqslant 0$。

第二段，B_1—A_2—B_2—⋯—A_{n-1}—B_{n-1}—A_n—B_n 段，位于气隙区域内，仅受齿槽效应的影响。

第三段，A_0—D_0 和 B_0—C_0 段处于永磁体产生开域磁场内，默认不受电机纵向端部效应干扰。

第四段，C_0—D_0 段磁通密度分量 B_x 和 B_y 都等于零。

由式（4-30）和式（4-31）可得有铁心 PMSLM 的定位力和空载法向力解析式为

$$F_x = \frac{L_c}{\mu_0}\left[\int_{B_0C_0}(B_x^2-B_y^2)\mathrm{d}y - \int_{D_0A_0}(B_x^2-B_y^2)\mathrm{d}y + \int_{A_0A_1}B_xB_y\mathrm{d}x + \int_{A_1B_1}B_xB_y\mathrm{d}x + \int_{A_nB_n}B_xB_y\mathrm{d}x + \right.$$
$$\left. \int_{B_nB_0}B_xB_y\mathrm{d}x + \int_{B_1A_2}B_xB_y\mathrm{d}x + \int_{A_2B_2}B_xB_y\mathrm{d}x + \cdots + \int_{A_{n-1}B_{n-1}}B_xB_y\mathrm{d}x + \int_{B_{n-1}A_n}B_xB_y\mathrm{d}x\right] \tag{4-32}$$

$$F_y=\frac{L_c}{\mu_0}\left[\int\limits_{B_0C_0}B_yB_x\mathrm{d}y-\int\limits_{D_0A_0}B_yB_x\mathrm{d}y+\int\limits_{B_1A_2}(B_y^2-B_x^2)\mathrm{d}x+\int\limits_{A_2B_2}(B_y^2-B_x^2)\mathrm{d}x+\cdots+\int\limits_{A_{n-1}B_{n-1}}(B_y^2-B_x^2)\mathrm{d}x+\right.$$
$$\left.\int\limits_{B_{n-1}A_n}(B_y^2-B_x^2)\mathrm{d}x+\int\limits_{A_0A_1}(B_y^2-B_x^2)\mathrm{d}x+\int\limits_{A_1B_1}(B_y^2-B_x^2)\mathrm{d}x+\int\limits_{A_nB_n}(B_y^2-B_x^2)\mathrm{d}x+\int\limits_{B_nB_0}(B_y^2-B_x^2)\mathrm{d}x\right] \tag{4-33}$$

式（4-32）和式（4-33）计算定位力和空载法向力时磁通密度空间分布可分解为 3 部分：第一部分为 A_0—D_0 和 B_0—C_0 段，永磁体开域磁场；第二部分为 A_0—A_1、A_1—B_1、A_n—B_n 和 B_n—B_0 段，考虑纵向端部效应的气隙磁场；第三部分为 B_1—A_2—B_2—…—A_{n-1}—B_{n-1}—A_n—B_n 段，仅考虑齿槽效应的气隙磁场。

首先通过镜像法求解 N 极和 S 极交错排列的永磁体阵列产生的开域磁场，图 4-10 为边界面为一半无穷大铁磁平面时永磁体的镜像，取点 O 作为笛卡尔坐标系原点，由于边界面为一半无穷大铁磁平面，镜像得到与铁磁平面等距的磁化强度为$\frac{\mu_{\mathrm{Fe}}-\mu_0}{\mu_{\mathrm{Fe}}+\mu_0}M_0$ 的永磁体。由于 $\mu_{\mathrm{Fe}}\gg\mu_0$，工程计算中铁心的磁导率 μ_{Fe} 近似为无穷大，故镜像的永磁体磁化强度为 M_0。永磁体励磁效果可看作为沿着充磁方向的两个端面的正负磁荷面所产生磁场的叠加，正磁荷面的原像和镜像形成一个相距 $2h_{\mathrm{m}}$ 的磁荷面，采用坐标变换，参考式（3-32）和式（3-33）正磁荷面产生的磁通密度切向分量和法向分量解析式，可得单一永磁体在区域 1 产生的磁通密度分布为

$$\begin{cases}B_{x+\_\mathrm{kaiyu}}(x,y)=B_{x+}\left(x,y-\dfrac{h_{\mathrm{m}}}{2}\right)+B_{x+}\left(x,y+\dfrac{3h_{\mathrm{m}}}{2}\right)\\ B_{y+\_\mathrm{kaiyu}}(x,y)=B_{y+}\left(x,y-\dfrac{h_{\mathrm{m}}}{2}\right)+B_{y+}\left(x,y+\dfrac{3h_{\mathrm{m}}}{2}\right)\end{cases} \tag{4-34}$$

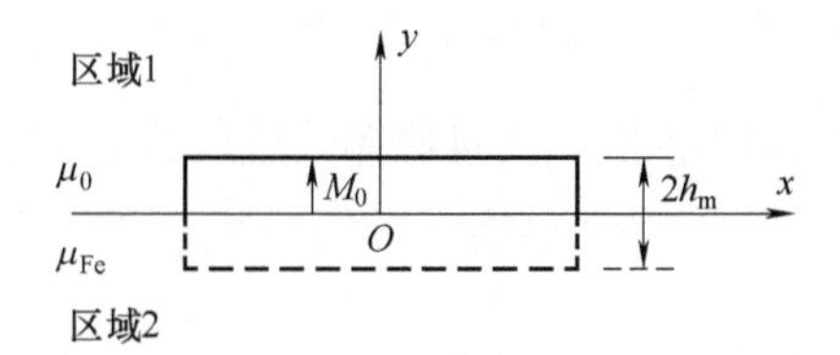

图 4-10　边界面为一半无穷大铁磁平面时永磁体的镜像

开域磁场是由所有的永磁体产生的磁场相叠加而成，通过坐标变换，可得 A_0—D_0 和 B_0—C_0 段磁通密度分布为

$$\begin{cases}B_{x0\_\mathrm{kaiyu}}(x,y)=\sum\limits_{i=-\infty}^{\infty}\left[B_{x+\_\mathrm{kaiyu}}(x+2i\tau,y)-B_{x+\_\mathrm{kaiyu}}(x+(2i-1)\tau,y)\right]\\ B_{y0\_\mathrm{kaiyu}}(x,y)=\sum\limits_{i=-\infty}^{\infty}\left[B_{y+\_\mathrm{kaiyu}}(x+2i\tau,y)-B_{y+\_\mathrm{kaiyu}}(x+(2i-1)\tau,y)\right]\end{cases} \tag{4-35}$$

当左边端槽中心线与永磁体 q 轴对齐时，时间 $t=0$，该边端槽中心线为坐标系 y 轴；电机初级行进在各个位置对应的时间为 t，非斜极 PMSLM 在 B_1—A_2—B_2—…—A_{n-1}—B_{n-1}—

A_n—B_n段产生的气隙磁通密度为

$$\begin{cases} B_{x\_slot}(x,y)=B_{x1}(x,y)\cdot\lambda(x-vt,y) & -\dfrac{b_{es}}{2}\leqslant x\leqslant L-2b_{et}-\dfrac{b_{es}}{2} \\ B_{y\_slot}(x,y)=B_{y1}(x,y)\cdot\lambda(x-vt,y) & -\dfrac{b_{es}}{2}\leqslant x\leqslant L-2b_{et}-\dfrac{b_{es}}{2} \end{cases} \tag{4-36}$$

通过坐标系平移，非斜极 ICPMSLM 在 A_0—D_0 段和 B_0—C_0 段产生的气隙磁通密度为

$$\begin{cases} B_{x\_kaiyu}(x,y)=B_{x0\_kaiyu}(x-\tau,y) \\ B_{y\_kaiyu}(x,y)=B_{y0\_kaiyu}(x-\tau,y) \end{cases} \tag{4-37}$$

式中，$x=-L_{e1}-b_{et}-\dfrac{b_{es}}{2}$或 $x=L+L_{e2}-b_{et}-\dfrac{b_{es}}{2}$。

在短初级长次级有铁心 PMSLM 纵向端部效应的动态模型中，已得到纵向端部区域的气隙磁通密度分布，为简化分析，式（3-12）变换为

$$\begin{cases} B_{x\_end}=B_{x\_s\_end}(x-vt,y) \\ B_{y\_end}=B_{y\_s\_end}(x-vt,y) \end{cases} \tag{4-38}$$

根据坐标变换，非斜极 ICPMSLM 在 A_0—A_1 段和 B_n—B_0 段产生的气隙磁通密度为

$$\begin{cases} B_{x\_end\_A_0\to A_1}(x,y)=B_{x\_end}\left(-x-b_{et}-\dfrac{b_{es}}{2},y\right) \\ B_{y\_end\_A_0\to A_1}(x,y)=B_{y\_end}\left(-x-b_{et}-\dfrac{b_{es}}{2},y\right) \end{cases} \quad A_0\to A_1 \tag{4-39}$$

$$\begin{cases} B_{x\_end\_B_n\to B_0}(x,y)=B_{x\_end}\left(x-L+b_{et}+\dfrac{b_{es}}{2},y\right) \\ B_{y\_end\_B_n\to B_0}(x,y)=B_{y\_end}\left(x-L+b_{et}+\dfrac{b_{es}}{2},y\right) \end{cases} \quad B_n\to B_0 \tag{4-40}$$

A_1—B_1 段和 A_n—B_n 段分为两部分：纵向端部效应的区域和齿槽效应的区域。纵向端部效应区域靠近铁心边缘处，受端部效应影响，磁场畸变严重，A_1—B_1 段的纵向端部效应区域的气隙磁通密度为

$$\begin{cases} B_{x\_end\_A_1\to B_1}(x,y)=B_{x\_end}\left(-x-b_{et}-\dfrac{b_{es}}{2},y\right) \\ B_{y\_end\_A_1\to B_1}(x,y)=B_{y\_end}\left(-x-b_{et}-\dfrac{b_{es}}{2},y\right) \end{cases} \quad x\leqslant g'-b_{et}-\dfrac{b_{es}}{2} \tag{4-41}$$

A_n—B_n 段的纵向端部效应区域的气隙磁通密度为

$$\begin{cases} B_{x\_end\_A_n\to B_n}(x,y)=B_{x\_end}\left(x-L+b_{et}+\dfrac{b_{es}}{2},y\right) \\ B_{y\_end\_A_n\to B_n}(x,y)=B_{y\_end}\left(x-L+b_{et}+\dfrac{b_{es}}{2},y\right) \end{cases} \quad x\geqslant -g'+L-b_{et}-\dfrac{b_{es}}{2} \tag{4-42}$$

A_1—B_1 段和 A_n—B_n 段齿槽效应区域仅受齿槽效应影响，磁通密度分布见式（4-36）。

将式（4-35）~式（4-42）代入式（4-32）和式（4-33），可求出短初级长次级非斜极永磁体有铁心 PMSLM 定位力和空载法向力；同理，通过斜极和类 V 形斜极永磁体的参数等效转换式，可求得斜极永磁体和类 V 形永磁体的短初级长次级 PMSLM 定位力和空载法向力。

综上，相比较常规的解析方法，所提出的采用改进积分路径的麦克斯韦应力法充分考虑纵向端部效应对端部区域磁场的影响规律，提高短初级长次级 PMSLM 定位力和空载法向力解析式的解析精度。研究结果表明，短初级长次级 PMSLM 的定位力可分解为由齿槽效应产生的齿槽定位力和由纵向端部效应产生的边端定位力，法向力波动分解为由齿槽效应产生的法向力波动和由纵向端部效应产生的法向力波动。

图 4-11 和图 4-12 比较矩形永磁体、斜极和类 V 形永磁体的短初级长次级有铁心 PMSLM 定位力和空载法向力波动。与矩形永磁体相比，斜极永磁体 PMSLM 定位力波动由（−11~12N）降至（−8~7.8N），波形正弦性畸变率明显减少，并以极距为周期呈类正弦规律波动，空载法向力波动率从 2.0%降低至 1.5%，然而 10A 相电流输出推力减少约 8.4%。与矩形永磁体相比，类 V 形永磁体结构对于降低定位力和空载法向力的高次谐波有一定的效果，相同的相电流产生电磁推力只减少约 4.6%。

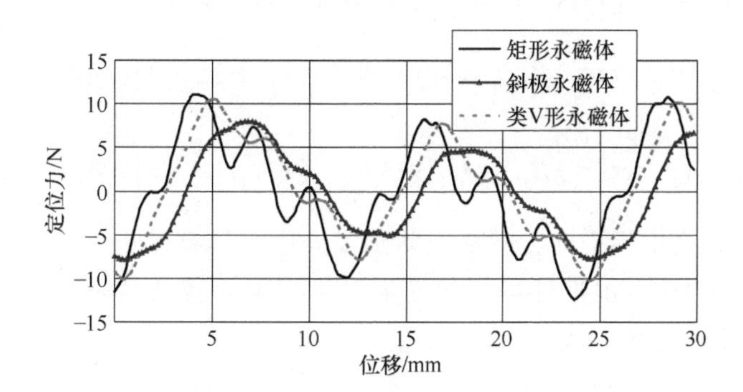

图 4-11　短初级长次级 PMSLM 定位力对比分析

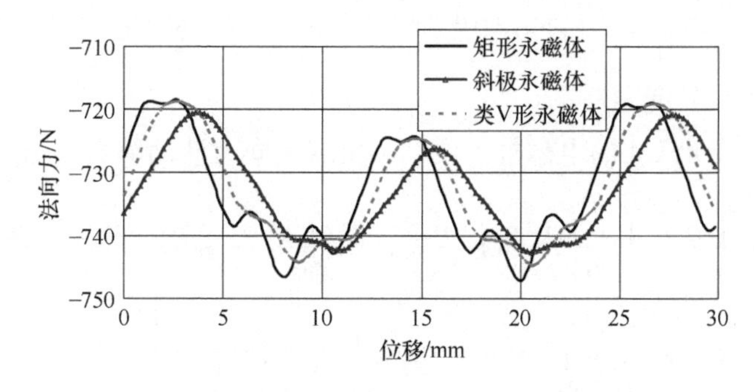

图 4-12　短初级长次级 PMSLM 空载法向力对比分析

因此，对于短初次长次级有铁心 PMSLM，根据不同的应用场合，兼顾推力密度和电机常数，合理选择斜极或类 V 形的磁极结构及其永磁体倾斜长度，能有效削弱定位力和空载法向力的高次谐波，定位力和法向力呈类正弦规律波动为定位力和空载法向力波动的补偿控制提供了理论基础。

由于初级铁心开齿槽和铁心开断，当初级行进时，气隙磁阻发生变化，导致磁场能量发生变化，使电机的水平推力和法向力随次级永磁体与齿槽相对位置的不同而发生改变。采用麦克斯韦应力法计算水平推力和负载法向力，以图 4-9 为短初级长次级平板型有铁心 PMSLM 为分析模型，选择包围初级铁心的积分路径 l 为 A_0—A_1—B_1—…—A_n—B_n—B_0—C_0—D_0。其中，B_1—A_2—B_2—…—A_{n-1}—B_{n-1}—A_n—B_n 段位于气隙区域内，磁通密度根据负载的合成气隙磁场计算。永磁直线电机的负载气隙磁场可等效为永磁体产生磁场与电枢反应磁场的叠加。

设 A 相边端半绕组槽的中心线与永磁体 q 轴对齐时，时间 $t=0$；电机初级行进在各个位置对应的时间为 t，为使 A 相绕组的中心线与永磁体 q 轴对齐，通过坐标系转换，其负载气隙磁通密度解析式为

$$\begin{cases} B_{x\_load}(x,y,t)=\left[B_{x1}(x,y)+B_{x\_coil}(x,y,t)\right]\cdot\lambda\left(x-vt+\dfrac{b_{st}}{2},y\right) \\ B_{y\_load}(x,y,t)=\left[B_{y1}(x,y)+B_{y\_coil}(x,y,t)\right]\cdot\lambda\left(x-vt+\dfrac{b_{st}}{2},y\right) \end{cases} \tag{4-43}$$

对于斜极 ICPMSLM，气隙区域合成的负载磁通密度分布为

$$\begin{cases} B_{x\_load}(x,y,t)=\left[B_{x1\_skew}(x,y)+B_{x\_coil}(x,y,t)\right]\cdot\lambda\left(x-vt+\dfrac{b_{st}}{2},y\right) \\ B_{y\_load}(x,y,t)=\left[B_{y1\_skew}(x,y)+B_{y\_coil}(x,y,t)\right]\cdot\lambda\left(x-vt+\dfrac{b_{st}}{2},y\right) \end{cases} \tag{4-44}$$

PMSLM 气隙磁通密度沿横向方向从中间到横向边缘具有逐步衰减的趋势，在计算水平电磁推力和负载法向力中，电枢计算长度 L_{ef} 比铁心叠片厚度 L_c 略小，引入电枢计算长度，实现从三维空间折算到二维平面的等效转换。在考虑外悬长度的横向端部效应模型的基础上，推导等效的电枢计算长度 L_{ef}。

若外悬长度为 0.5mm，考虑外悬长度的电枢计算长度表达式为

$$L_{ef}=L_c-2\times0.63g'+2\int_0^{0.63g'}\left[3.796\times10^{13}\mathrm{e}^{\left[(x-131.1)/23.22\right]^2}+0.3694\ \mathrm{e}^{\left[(x-0.1809)/0.7928\right]^2}\right]\mathrm{d}x \tag{4-45}$$

式中　g'——等效气隙长度。

则负载状态下 ICPMSLM 的电磁推力波动和负载法向力波动解析式为

$$F_x=\frac{L_{ef}}{\mu_0}\left[\int_{A_0A_1}B_xB_y\mathrm{d}x+\int_{A_1B_1}K_e^2B_{x\_load}B_{y\_load}\mathrm{d}x+\int_{A_nB_n}K_e^2B_{x\_load}B_{y\_load}\mathrm{d}x+\int_{B_nB_0}B_xB_y\mathrm{d}x+\right.$$
$$\left.\int_{B_0C_0}(B_x^2-B_y^2)\mathrm{d}y-\int_{D_0A_0}(B_x^2-B_y^2)\mathrm{d}y+\int_{B_1A_n}B_{x\_load}B_{y\_load}\mathrm{d}x\right] \tag{4-46}$$

$$F_y=\frac{L_{ef}}{\mu_0}\left[\int_{B_0C_0}B_yB_x\mathrm{d}y-\int_{D_0A_0}B_yB_x\mathrm{d}y+\int_{B_1A_n}(B_{y\_load}^2-B_{x\_load}^2)\mathrm{d}x+\int_{A_0A_1}(B_y^2-B_x^2)\mathrm{d}x+\right.$$
$$\left.\int_{A_1B_1}K_e^2(B_{y\_load}^2-B_{x\_load}^2)\mathrm{d}x+\int_{A_nB_n}K_e^2(B_{y\_load}^2-B_{x\_load}^2)\mathrm{d}x+\int_{B_nB_0}(B_y^2-B_x^2)\mathrm{d}x\right] \tag{4-47}$$

同理，将式（4-16）和式（4-21）斜极和类 V 形参数转换公式代入式（4-45），可得出斜极和类 V 形永磁体 ICPMSLM 的电磁推力波动和负载法向力波动。

与常规的解析方法相比，所提出的有铁心 PMSLM 电磁推力和负载法向力解析方法充分考虑了横向端部效应和外悬效应对电磁力的影响，推导的考虑外悬效应的电枢计算长度对提高电磁力及电磁力波动的计算精度具有重要的参考价值。

4.4.2　斜极有铁心 PMSLM 横向力波动规律

有铁心 PMSLM 选择斜极或类 V 形磁极结构，能有效削弱定位力和空载法向力的高次谐波，同时，降低推力波动和负载法向力波动。但是，在负载状态下，斜极有铁心 PMSLM 存在横向方向的电磁力，在精密气浮运动平台的应用背景中，研究斜极有铁心 PMSLM 横向力波动的变化规律是必不可少的。

忽略电机加工和装配的影响，假设斜极永磁体与初级铁心的无偏移现象，推导长初级短次级斜极 PMSLM 的横向力解析表达式。图 4-13 为斜极电机在 z 方向的视图，暂不考虑外悬效应，假设永磁体横向宽度等于铁心横向长度，即 $L_m=L_c$，L_s 为永磁体倾斜长度，θ 为永磁体倾斜角度。建立斜极永磁体等效导体的分析模型，采用洛伦兹力法分析横向电磁力，将永磁体励磁效果等效为载流导体，电枢绕组电流等效为励磁源，则永磁体等效的载流导体在电枢绕组产生的气隙磁场中所受到的作用力，可分解为水平电磁推力 F_y 和横向电磁力 F_x。

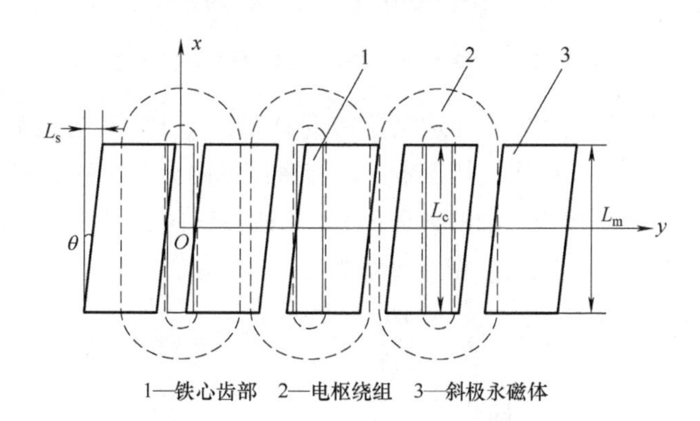

1—铁心齿部　2—电枢绕组　3—斜极永磁体

图 4-13　斜极 PMSLM 的 z 方向视图

图 4-14 为斜极永磁体等效导体模型，图 4-14a 为在二维平面中把永磁体的 N、S 极等效为载流导体，以永磁体 q 轴作为坐标 z 轴，永磁体的等效磁化强度分布函数 $M(y)$ 用傅里叶级数表示为

$$M(y)=\sum_{n=1,3,5,\cdots}^{\infty}\frac{4B_r}{\mu_0\tau k_n}\sin\frac{k_n\tau_m}{2}\sin(k_ny) \tag{4-48}$$

式中，$k_n=n\pi/\tau$。

则永磁体等效电流层密度为

$$J_m(y)=-\sum_{n=1,3,5,\cdots}^{\infty}\frac{4B_r}{\mu_0\tau}\sin\frac{k_n\tau_m}{2}\cos(k_ny) \tag{4-49}$$

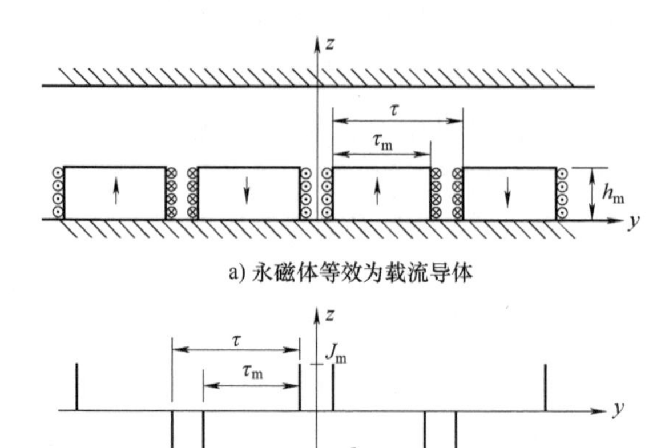

a) 永磁体等效为载流导体

b) 永磁体等效电流密度分布

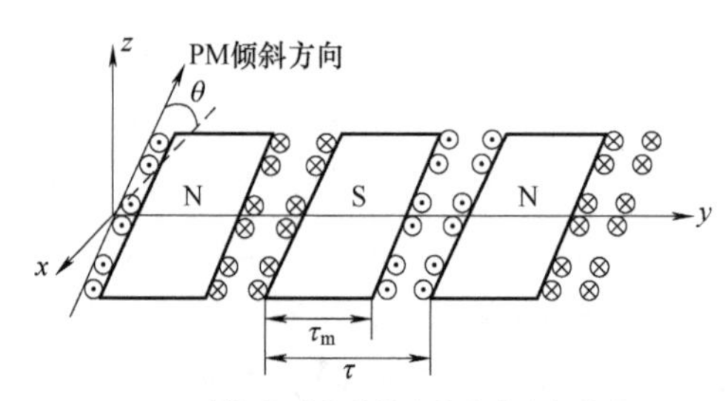

c) 斜极永磁体等效电流密度空间分布

图 4-14　ICPMSLM 斜极永磁体等效导体模型

图 4-14b 为在 yOz 平面上永磁体等效电流密度分布，由于永磁体为倾斜结构，图 4-14c 为在 xOy 平面上沿 PM 倾斜方向永磁体等效面电流密度空间分布，故永磁体等效为沿永磁体倾斜方向的载流导体，该导体与 x 轴的夹角为 θ，永磁体横向方向的中心线为 y 轴，则永磁体等效载流导体在 xOy 平面上电流层密度分布为

$$J_{\mathrm{m}}(x,y)=-\sum_{n=1,3,5,\cdots}^{\infty}\frac{4B_{\mathrm{r}}}{\mu_0\tau}\sin\frac{k_n\tau_{\mathrm{m}}}{2}\cos[k_n(y+x\tan\theta)] \tag{4-50}$$

式中　θ——永磁体的倾斜角度，且 $\theta=L_{\mathrm{s}}/L_{\mathrm{m}}$。

永磁体的等效载流导体在电枢绕组电流产生的磁场中所受到的电磁力为

$$\boldsymbol{F}=\int_V \boldsymbol{J}\times\boldsymbol{B}\mathrm{d}V \tag{4-51}$$

式中　V——包含初级和次级耦合部分的永磁体等效载流导体的体积；

$\boldsymbol{J}$——永磁体等效载流导体的电流密度空间分布；

$\boldsymbol{B}$——电枢绕组电流产生的气隙磁场分布。

设 F_x 和 F_y 分别为横向电磁力和切向电磁推力，B_z 电枢绕组电流产生磁场的磁感应强度 z 分量，J_x 和 J_y 为永磁体等效倾斜载流导体的电流密度的 x 分量和 y 分量，则斜极 PMSLM 的横向电磁力为

$$F_x=\int_V J_y B_z\mathrm{d}V \tag{4-52}$$

再求解三相电枢绕组电流在气隙区域产生的磁场，根据 ICPMSLM 电枢反应磁场的解析可得 B_z 分量为

$$B_z(y,z,t)=B_{z\_coil}(y,z,t)\cdot\lambda\left(y-vt+\frac{b_{st}}{2},z\right) \tag{4-53}$$

电枢反应磁场 B_z 分量为

$$\begin{aligned}B_{z\_coil}(y,z,t)=&\sum_{i=1}^{\infty}f_c(i)\cosh(k_iz)\cdot\\&[i_a(t)\cos(k_iy)+i_b(t)\cos[k_i(y-b_{st})]+i_c(t)\cos[k_i(y-2b_{st})]]\end{aligned} \tag{4-54}$$

式中，$f_c(i)=\dfrac{k_qq\mu_0N_s}{i\pi ab_s\sin[k_n(g+h_m)]}\left(\cos\dfrac{k_nb_t}{2}-\cos\dfrac{k_nb_{st}}{2}\right)$；$k_i=\dfrac{i\pi}{\tau}$。

$b_{sa}=b_{st}/2$，该模型的气隙相对磁导分布函数为

$$\lambda\left(y-vt+\frac{b_{st}}{2},z\right)=a_0+\sum_{j=1}^{\infty}a_j\cos\left[\frac{2\pi}{b_{st}}j(y-vt+b_{st})\right] \tag{4-55}$$

将式（4-40）和式（4-43）~式（4-45）代入式（4-42），可得横向寄生力波动解析式为

$$F_x=\int_{-\frac{L_m}{2}}^{\frac{L_m}{2}}\int_{y_0}^{y_1}\int_{-\frac{h_m}{2}}^{\frac{h_m}{2}}J_m(x,y)\cdot B_{z\_coil}(y,z,t)\cdot\lambda\left(y-vt+\frac{b_{st}}{2},z\right)\mathrm{d}x\mathrm{d}y\mathrm{d}z \tag{4-56}$$

式中　y_0、y_1——分别为永磁体等效的载流导体在 y 方向边界坐标。

以 4 极 3 槽分数槽绕组长初级短次级斜极 ICPMSLM 为例，横向寄生力为

$$F_{x1}=\int_{-\frac{L_m}{2}}^{\frac{L_m}{2}}\int_{-\frac{b_{st}}{2}}^{\frac{5b_{st}}{2}}\int_{-\frac{h_m}{2}}^{\frac{h_m}{2}}J_m(x,y)\cdot B_{z\_coil}(y,z,t)\cdot\lambda\left(y-vt+\frac{b_{st}}{2},z\right)\mathrm{d}x\mathrm{d}y\mathrm{d}z \tag{4-57}$$

根据 ICPMSLM 相关参数，永磁体倾斜长度为 3.9mm，左、右外悬长度为 2mm，代入式（4-47）采用傅里叶变换可求出横向力波动。

图 4-15 为当相电流有效值为 5A 时，由解析法和三维有限元仿真法求得长初级短次级斜极 ICPMSLM 横向力波形。以槽距 16mm 为波动周期，有限元仿真结果表明横向力的波动率约为 10%，解析值比三维有限元仿真值小。存在误差的原因主要是：采用等效面电流法计算 PMSLM 电枢反应磁场存在一定的误差；由于外悬长度为 2mm，实际上外悬效应增强了横向端部区域的气隙磁通密度，而解析法没有考虑到外悬长度，故有限元仿真值比解析值略大。

综上所述，所提出的斜极 ICPMSLM 横向力解析法是基于二维磁场分析模型，由于忽略了横向端部效应和外悬效应，同时气隙相对磁导分布函数的解析忽略了槽深和相邻槽之间的影响，故横向力解析结果存在一定偏差。但是，横向力波形相似性较高，验证了该解析法推导长初级短次级斜极 ICPMSLM 横向力的可行性。

对于短初级长次级 ICPMSLM，纵向端部效应和外悬效应使得端部磁场畸变严重，很难单纯从解析的角度推导横向力波动表达式。因此，为准确研究横向力波动规律，本书采用三维有限元法研究短初级长次级 ICPMSLM 的极槽配比、永磁体倾斜长度、外悬长度、相电流等参数对横向力波动的影响规律。

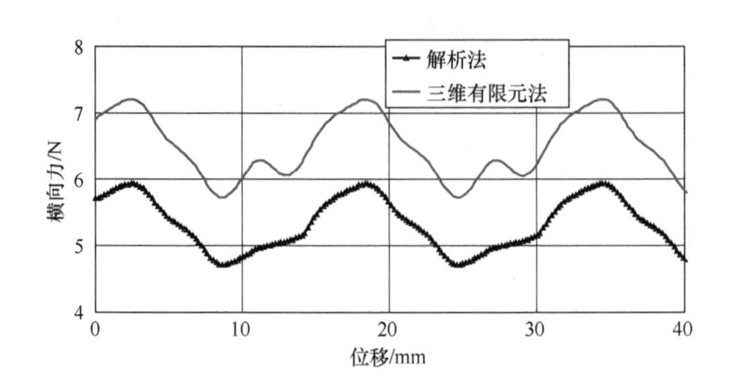

图 4-15　长初级短次级斜极 ICPMSLM 横向力波动（相电流为 5A）

一个单元电机的基本极槽配比为 4 极 3 槽，如：20 极 15 槽和 24 极 18 槽分别是由 4 个和 5 个单元电机组成的。图 4-16 为上述两种极槽配比电机的横向力波形，当相电流有效值为 5A 时，20 极 15 槽斜极 PMSLM 的横向力在 30~37N 之间波动，24 极 18 槽斜极 PMSLM 的横向力在 37~45N 之间波动，两者的横向力波动率几乎相同，约为 10%。在多个电机初级单个次级的运动系统中，若多个电机的横向力相互叠加，直接作用于气浮支承系统可能产生较明显的振动，影响气浮轴承系统的稳定性。

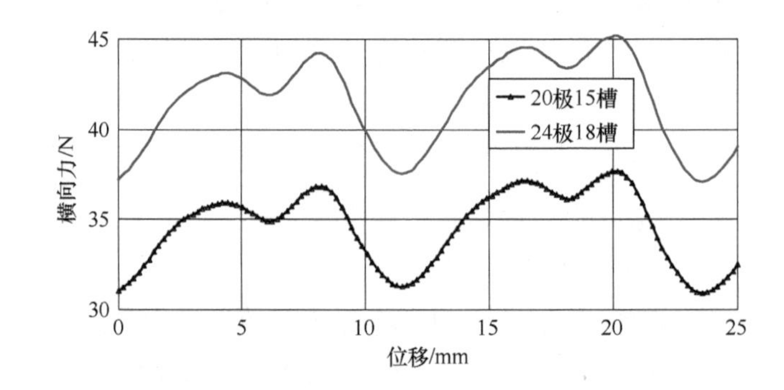

图 4-16　不同极槽配比的横向力波动（相电流为 5A）

图 4-17 为 4 极 3 槽分数槽绕组斜极 ICPMSLM 横向力平均值随永磁体倾斜长度、外悬长度和相电流等参数的变化曲线。横向力平均值随外悬长度 L_o 的增大而增大，当左、右外悬长度大于 3mm 时，继续增大外悬长度，横向力几乎不再变化，说明增大外悬长度有效提高气隙磁通密度，但外悬长度足够大时，横向端部磁路基本闭合；在磁路非饱和段，横向力平均值与相电流有效值的比值约为 1. 5N/A，而在磁路高饱和段，其比值降低至 1. 2N/A，这表明横向力与相电流的比值也能反映电机的磁饱和特性；横向力平均值随永磁体倾斜长度 L_s 的增大而相应增大，但是不同斜极长度对应的横向力波动率都保持约 10%不变；对横向力波动作傅里叶变换，如图 4-17e 所示，主要的高次谐波为 2 次、3 次和 4 次等，表明斜极长度对横向力的幅值影响显著，而对横向力波动率几乎无影响，但是斜极长度越小，横向力的最大值与最小值之差的绝对值越小，即横向力绝对波动幅度越小。

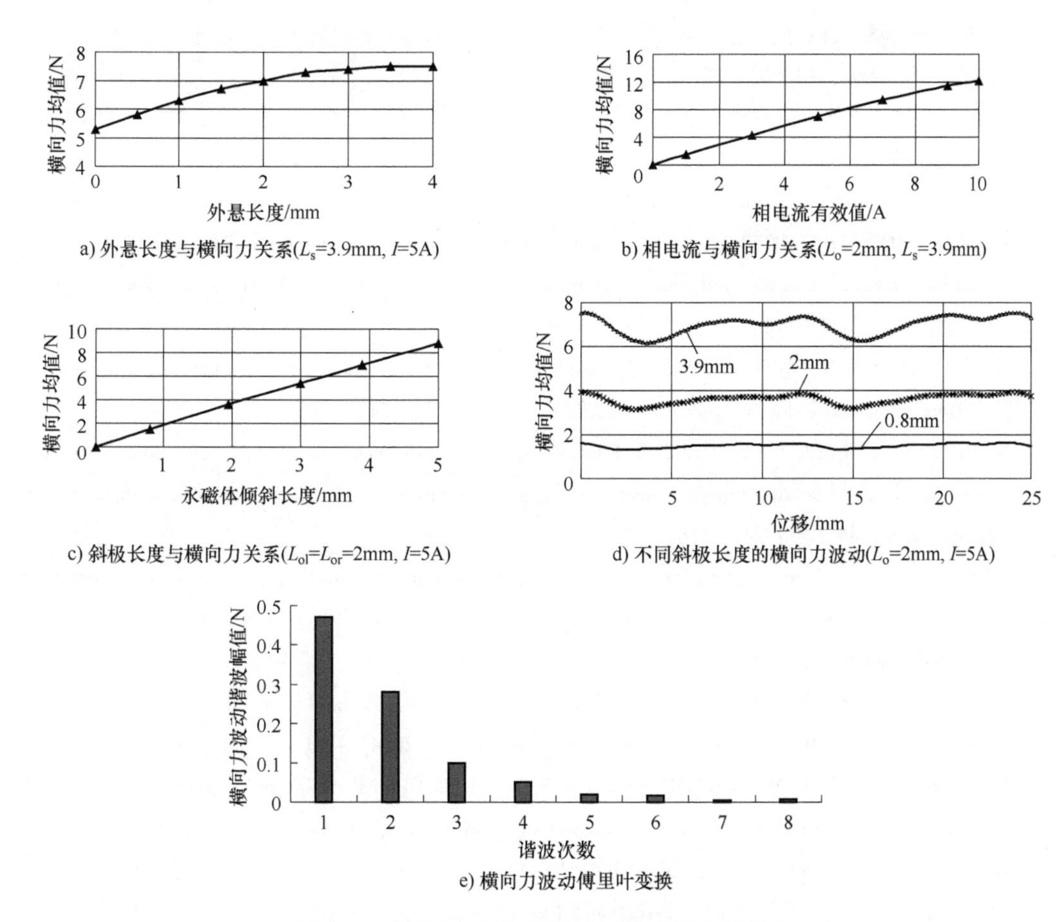

图 4-17　斜极 ICPMSLM 横向力随参数变化情况

综上所述，研究得到的不同极槽配比、永磁体倾斜长度、外悬长度、相电流等电磁参数对斜极有铁心 PMSLM 横向力及其波动的影响规律，为电机动力学精确建模和三维力波动的补偿控制提供理论基础。对于短初次长次级有铁心 PMSLM，根据不同的应用背景，兼顾推力密度和电机常数等因素，优选斜极或类 V 形磁极结构及其斜极长度，实现定位力、空载法向力波动、横向力波动和推力密度等关键参数的多目标综合优化。

参考文献

［1］ 汤蕴璆. 电机内的电磁场［M］. 北京：科学出版社，1998：67-85.

［2］ 夏加宽. 高精度永磁直线电机端部效应推力波动及补偿策略研究［D］. 沈阳：沈阳工业大学，2006：2-6.

［3］ 潘开林. 永磁直线电机的驱动特性理论及推力波动优化设计研究［D］. 杭州：浙江大学，2003：64-67.

［4］ JANG S M，LEE S H. Comparison of two types of PM linear synchronous servo and miniature motor with air-cored film coil［J］. IEEE Transactions on Magnetics，2002，38（5）：3264-3266.

[5] 阎秀恪，谢德馨，高彰燮，等. 电磁力有限元分析中麦克斯韦应力法的积分路径选取的研究 [J]. 电工技术学报，2003，18 (5)：32-36.

[6] 张颖. 永磁同步直线电机磁阻力分析及控制策略研究 [D]. 武汉：华中科技大学，2008：13-29.

[7] EL-REFAIE A M, JAHNS T M, NOVOTNY D W. Analysis of surface permanent magnet machines with fractional-slot concentrated windings [J]. IEEE Transactions on Energy Conversion, 2006, 21 (1): 34-43.

[8] ZHU Z Q, HOWE D, MITCHELL J K. Magnetic field analysis and inductances of brushless DC machines with surface-mounted magnets and non-overlapping stator windings [J]. IEEE Transactions on Magnetics, 1995, 31 (3): 2115-2118.

[9] MI C, SLEMON G R, BONERT R. Modeling of iron losses of permanent-magnet synchronous motors [J]. IEEE Transactions on Industry Applications, 2003, 39 (3): 734-742.

[10] KAMPER M J, WANG R J, ROSSOUW F G. Analysis and performance of axial flux permanent-magnet machine with air-cored nonoverlapping concentrated stator windings [J]. IEEE Transactions on Industry applications, 2008, 44 (5): 1495-1503.

[11] KAMPER M J. Comparison of linear permanent magnet machine with overlapping and non-overlapping air-cored stator windings [C]. 4th International Conference on Power Electronics, Machines and Drives, York, UK, 2008: 767-771.

[12] WANG R J, KAMPER M J. Calculation of eddy current loss in axial field permanent-magnet machine with coreless stator [J]. IEEE Transactions on Energy Conversion, 2004, 19 (3): 532-538.

[13] WANG R J, KAMPER M J, WESTHUIZEN K V D, et al. Optimal design of a coreless stator axial flux permanent-magnet generator [J]. IEEE Transactions on Magnetics, 2005, 41 (1): 55-64.

[14] RAVAUD R, LEMARQUAND G, LEMARQUAND V. Ironless permanent magnet motors: three-dimensional analytical calculation [C]. IEEE International Electric Machines and Drives Conference IEMDC, Miami, United States, 2009: 1-6.

[15] MOHAMMADPOUR A, GANDHI A, PARSA L. Winding factor calculation for analysis of back EMF waveform in air-core permanent magnet linear synchronous motors [J]. IET Electric Power Applications, 2012, 6 (5): 253-259.

[16] JANG S M, SEO J C, CHOI J Y, et al. Experiment and characteristic analysis of disk type PMLSM with halbach array [J]. IEEE Transactions on Magnetics, 2005, 41 (10): 3817-3819.

[17] TAHARA S, ISHIDA Y, OGAWA K. Thrust characteristics of 2-pole PMLSM composed of flux concentrated arrangement with Halbach array [C]. International Conference on Electrical Machines and Systems, 2009: 1-4.

[18] MEESSEN K J, GYSEN B L J, PAULIDES J J H, et al. Halbach permanent magnet shape selection for slotless tubular actuators [J]. IEEE Transactions on Magnetics, 2008, 44 (11): 4305-4308.

[19] LEE K, JAHNS T M, LIPO T A, et al. Impact of input voltage sag and unbalance on DC-link inductor and capacitor stress in adjustable-speed drives [J]. IEEE Transactions on Industry Applications, 2008, 44 (6): 1825-1833.

[20] HAN S H, JAHNS T M, ZHU Z Q. Design tradeoffs between stator core loss and torque ripple in IPM Machines [J]. IEEE Transactions on Industry Applications, 2010, 46 (1): 187-195.

[21] 夏加宽，彭兵，王成元，等. 近极槽永磁电动机齿顶漏磁对转矩的影响 [J]. 电工技术学报，2012，

27 (11): 97-103.

[22] PROFUMO F, TENCONI A, GIANOLIO G. Design and realization of a PM linear synchronous motor with a very high thrust/normal force ratio [J]. IEEE Transactions on Magnetics, 1999, 35 (5): 1984-1988.

[23] KIM S A, ZHU Y W, LEE S G, et al. Electromagnetic normal force characteristics of a permanent magnet linear synchronous motor with double primary side [J]. IEEE Transactions on Magnetics, 2014, 50 (1): 4001204.

[24] HUR J, JUNG I S, HYUN D S. Lateral characteristic analysis of PMLSM considering overhang effect by 3 dimensional equivalent magnetic circuit network method [J]. IEEE Transactions on Magnetics. 1998, 34 (5): 3142-3145.

[25] AHN H J, LEE S H, LEE D Y, et al. A study on the characteristics of PMLSM according to permanent magnet arrangement [C]. Industry Applications Society Annual Meeting, 2008: 1-6.

[26] JUNG I S, HUR J, HYUN D S. Performance analysis of skewed PM linear synchronous motor according to various design parameters [J]. IEEE Transactions on Magnetics. 2001, 37 (5): 3653-3657.

[27] KANG G H, HU J, LEE B K, et al. Force characteristic analysis of PMLSMs for magnetic levitation stage based on 3-dimensional equivalent magnetic circuit network [C]. 39th Industry Applications Annual Meeting, 2004 (3): 2099-2104.

Chapter 5

第5章 永磁同步直线电机电流调控方法

为了获得高精度的输出推力，永磁同步直线电机驱动控制系统的电流控制器设计尤为关键。在 $i_d^* = 0$ 的矢量控制系统中，通过调节 q 轴电流来控制电机输出推力，但在两相同步旋转坐标系下的模型中，dq 轴电压方程存在交叉耦合项，且在机械时间常数小于电气时间常数的特殊应用场合，反电动势作为扰动项也会降低电机的控制性能。因此，高性能的电流控制方法是保证精密永磁同步直线电机系统控制性能的根本。而预测电流控制方法理论上能在一个控制周期内跟踪上给定电流，具有高带宽的特点。此外，由于该方法是一种基于电机模型的控制策略，本身就具有解耦和补偿反电动势的特性，所以预测电流控制方法非常适合应用于精密直线电机控制系统中。

5.1 电流控制技术研究概述

永磁同步直线电机系统通过调节电机电流间接地控制输出推力，因此电流闭环系统中电流控制方法的性能好坏决定了电机输出推力的品质。在精密直线电机控制系统中，通常有位置、速度和电流三个闭环控制环节，而电流环作为最内环，是控制单元与直线电机之间的中枢环节[1]。为了获得较高的位置环带宽，提高直线电机控制系统跟踪精度，具有高带宽的电流闭环系统是获得精密运动的基础；此外，由于永磁同步直线电机具有强耦合、强非线性和易受干扰等问题，因此控制系统必须具备高度解耦、强鲁棒性的电流控制策略，才能实现从电流到输出推力间的精确控制。总之，高性能的电流调控技术是获得永磁同步直线电机精确推力的根本，是影响精密直线电机系统的关键技术之一。在目前的永磁同步直线电机控制系统中，电流控制方法主要有滞环电流控制、静止或同步旋转坐标系下 PI 控制和预测电流控制等[2,3]。

5.1.1 滞环控制

在早期的模拟类型驱动控制器中，滞环电流控制方法由于方法简单、直接控制三相电流和易于用模拟器件搭建等原因得到了广泛应用，在 ASML 早期光刻设备中电流控制器就是采用优化的滞环控制方法。滞环控制作为非线性控制方式，直接对电机三相电流进行闭环调控。这种电流控制方式虽然原理简单、动态频响高，但在调制过程中，由于开关频率不断变化，电流谐波成分较高、系统电磁噪声大，造成电机推力可控精度不高，同时增加了功率器件开关损耗。因此，相关学者对滞环电流控制进行了相应改进，提出了固定频率[4,5]、变占空比[6]和变环宽准恒频[7]等优化滞环电流控制方法，提高了滞环方法的控制精度，但同时也使控制算法复杂化，在实际应用中受到限制。

5.1.2　PI 控制

与滞环电流控制类似，静止坐标系下 PI 控制[8]也是直接对电机三相电流的控制方式。电机三相参考电流与实际电流的偏差经过 PI 控制器调节后，获得三相参考电压指令，在 SPWM 调制作用下，逆变器输出的三相电压加载到电机两端。这种电流控制方法与滞环方法相比具有恒定的开关频率、谐波含量固定的优点，同时该方法也易于实现，普遍应用在早期的设备中。但是获得的电流控制性能需要合适的 PI 参数，在电机高速运动时，跟踪电流滞后现象明显，不适合应用在高频响需求的场合。

不同于静止坐标系下 PI 控制方法，同步旋转坐标系下的 PI 控制不直接控制电机相电流，在同步旋转坐标系下，可将交流电机等效成直流电机，通过 PI 控制器分别对交、直轴电流独立控制，可以获得良好的电机控制性能，是当前交流电机伺服系统中广泛使用的电流控制方法。由同步旋转坐标系下电机动态模型可以看出，交、直轴的电压方程并不是独立的，而是具有交叉耦合项，此外在交轴中还具有反电动势扰动项。但是在同步旋转坐标系下的 PI 电流控制器中，交、直轴控制是独立进行的，没有考虑相互之间的耦合项，反电动势扰动问题也忽略了。虽然旋转坐标系下的 PI 控制方法适用于一般性的应用场合，但在精密直线电机控制系统中，极限性能指标的需求将会把这些忽略的问题暴露出来。因此，需要针对交叉耦合问题、反电动势干扰问题进行优化设计。对于交、直轴不完全解耦问题，文献［9］提出了电压前馈解耦控制方法，但该方法依赖于准确的电机参数；文献［10］基于内模原理对交叉耦合项进行补偿，同时具有一定的参数鲁棒性，但通过电流积分形式获得的补偿电压会带来振荡现象，影响系统的稳定性；此外，基于误差补偿的多项式解耦[11]、基于内模的滑模解耦控制[12]均能够有效地解决交、直轴交叉耦合问题。对于反电动势扰动问题，通常可以提高电流环带宽抑制扰动项，但在机械时间常数小于电气时间常数等特殊场合中，这种方法不再适用。为了减小反电动势扰动的影响，文献［13］通过加入反电动势补偿环节，实现了电机在加速过程中具有良好的跟踪效果。

5.1.3　预测控制

不同于连续域中的滞环电流控制和 PI 控制，预测电流控制是基于被控对象离散化数学模型实现的，其核心目的是尽可能地提高电流响应速度并保证暂态时间内的高精度控制[14]。

近年来预测控制方法在学术界得到了广泛研究，例如，IEEE 旗下工业电子会刊于 2016 年分 4 期出版了电力电子和电力驱动领域预测控制专刊论文[15]，并于 2019 年组织了预测控制在微电网领域研究和应用专刊[16]。电机控制领域预测控制研究热点主要包括两类：模型预测电流控制（Model Predictive Current Control，MPCC）和无差拍预测电流控制（Deadbeat Predictive Current Control，DPCC）。MPCC 又包括连续控制集模型预测电流控制（Continuous Control Set Model Predictive Current Control，CCS-MPCC）和有限控制集模型预测电流控制（Finite Control Set Model Predictive Current Control，FCS-MPCC）两种，其中前者需要调制器且可实现固定的开关频率和系统约束问题，但是其算法相对较复杂[17]。FCS-MPCC 可根据离散系统模型和逆变器离散特性来预测系统未来状态，并根据评价函数最优化结果选取合适的有效电压矢量，然后直接输出至逆变器，无需中间调制环节。FCS-MPCC 动态响应速度快、鲁棒性强且可以方便地处理各种系统约束问题，如过电流保护等，但是该控制方法也存在电流谐波大、开关频率低且不固定、计算量较大（特别是在多电平驱动和多步预测情况下）等不足[18]。

相对而言，DPCC 可以实现更高的稳态电流精度、与 MPCC 相近的动态性能、固定的开关频率、较低的电流谐波含量、更小的计算量，在学术界受到广泛关注，并已开始在工业界得到应用，如 TI 公司推出的快速电流环工具包（FCLlib）成功地结合双采样双更新策略和无差拍预测电流控制在 10kHz 开关频率下实现了 5kHz 的电流环带宽。但是，DPCC 存在两个主要问题[19]：①时延问题；②参数扰动问题。实际数字控制中电流采样和 A/D 转换、算法执行及脉宽调制（Pulse Width Modulation，PWM）输出等不能立即完成，会造成控制延时，导致电流响应出现振荡。为解决时延影响，DPCC 实现步骤主要分为两步：

（1）利用当前周期的参考电压、实际采样电流对下一周期初始时刻的电流进行预测。

（2）根据离散化的电机模型，利用预测电流和下一周期参考电流计算下一周期的参考电压，然后将电压矢量通过空间矢量脉宽调制（Space Vector Pulse Width Modulation，SVPWM）技术转换成相应的开关信号输出至逆变器[20,21]。

由于 DPCC 本质上是一种基于模型的控制算法，其控制性能非常依赖于电机参数估计精确度。当控制器参数与实际电机参数完全匹配时，DPCC 理论上可实现两拍延时、无超调跟踪控制[22]。但是，实际系统中电机参数（包括电阻、直交轴电感、永磁体磁链）随电机温度和铁心饱和程度等不断变化[23,24]，并且反电动势非正弦和逆变器非线性等引入的未建模动态在实际系统中也不可避免，这将导致参考电压计算出现偏差。过大的参数偏差将引起 DPCC 动态和稳态性能严重恶化，甚至造成系统失稳。因此，如何补偿参数变化及未建模动态引起的扰动成为了高精度、高动态和强鲁棒性预测电流控制的关键。根据 DPCC 的两个主要实现步骤，保证 DPCC 优良性能的关键在于如何准确获知电机参数、如何准确进行下一控制周期电流值的预测和下一控制周期参考电压的计算。为此，学术界针对参数扰动问题展开了大量研究，大致可归纳为如下四类：

（1）假设参数扰动变化速率远慢于电流环采样或控制频率，对相邻离散时间周期内扰动项之间的关系进行合理假设，利用电流采样值、参考值以及电压参考等计算扰动，并结合扰动值对下一控制周期参考电压进行修正。例如，文献［25］提出的时延控制方法假设相邻电流采样周期内的参数扰动近似相等，根据离散化的电压方程以及上一周期的电压指令和电流跟踪误差计算下一周期的扰动项，通过前馈控制进行扰动补偿；该方法简单易实现，但是电流微分会放大电流采样噪音对扰动估计的影响，需合理设计低通滤波器（Low Pass Filter，LPF）。以上方法虽然简单易实现，但是参数扰动影响实际上是与电机状态（电流和速度等）相耦合的，参数扰动缓变的假设限制了其在实际系统中的应用，特别是对于高速、大功率、低开关频率等场合。

（2）利用电流误差对下一时刻电流预测值进行修正，然后利用修正值计算下一周期的参考电压，或直接利用电流误差对下一周期参考电压进行修正。例如，文献［26，27］考虑到传统 DPCC 实际上为高增益的比例控制和基于模型的前馈控制结合的复合控制策略，因此为实现参数不匹配时的电流无静差控制，可直接在 DPCC 基础上并联电流跟踪误差的积分环节，但是该改进策略实际上将 DPCC 又转变为传统的 PI 控制，PI 控制的性能不足仍然存在。文献［28］提出利用当前周期电流跟踪误差修正下一时刻电流预测值，以实现下一控制时刻更准确的电压矢量选取。以上方法均利用电流误差（电流跟踪误差或电流预测误差）构造参数扰动项的线性补偿环节，分析和实现简单，但是其终究属于基于误差的改进方案，且只有在误差出现后方可实现补偿作用，对传统的 DPCC 性能改善有限。

（3）利用参考电压和电流等信息，构建参数自适应辨识算法，并对 DPCC 中参数进行实时在线更新。例如，文献［29］设计了一种基于模型参考自适应的电阻和电感参数估计算法，并结合递归最小二乘法对反电动势进行估计，实现了鲁棒 DPCC。文献［30，31］利用递归最小二乘法对电阻和电感参数进行在线辨识，并对 DPCC 相应参数进行实时调整，但是该方法需假设反动电动势在相邻周期不变，不能实现电阻、电感和反电动势的同时在线估计。电机动态方程非满秩的特点导致无法同时在线对电阻、电感和反动电动势进行辨识[32]，因此，以上参数辨识方法均需要假设某一参数或多个参数已知或不变，方可对其他参数进行辨识或估计。实际系统中三个参数变化同时存在，因此以上方法性能有限。

（4）将所有电气子系统扰动视为集中扰动，利用扰动观测器对其进行观测或估计，并结合前馈控制进行补偿。通常情况下，电机控制系统中的扰动不可直接测量，解决扰动影响的主要思想是通过可测状态间接估计扰动项，再利用估计值进行前馈补偿。电气子系统参数变化和未建模动态均可视为扰动的一部分，因此，可采用同样的方法进行补偿，以提高系统的鲁棒性[33,34]。扰动观测器理论在 DPCC 中应用最为广泛，主要方法可归纳如下：

基于模型预测控制的基本思想，预测转矩控制近年来也受到广泛关注，虽然其转矩动态响应迅速、参数鲁棒性强，但是转矩脉动大的本质缺陷制约了其在精密场合的运用[35]。另外，文献［36-38］也提出将优化占空比计算方式、线性二次型调节器、积分滑模控制等改进的直接推力控制策略应用到直线电机中，但是其仍然存在固有的推力波动大的缺陷，不适合于精密运动场合。

5.2 永磁同步直线电机的离散化模型及矢量控制

5.2.1 离散化数学模型

在建立永磁同步直线电机数学模型前，先对电机损耗、永磁材料、磁场正弦度等方面进行假设：

（1）初级与次级铁心磁阻为零，忽略涡流和磁滞损耗。

（2）永磁体电导率为零。

（3）忽略电机初级绕组和永磁体的阻尼作用。

（4）在电机气隙中，励磁磁场与电枢反应磁场均是正弦分布。

（5）反电动势为正弦。

利用电机在静止三相坐标系下的基本方程和上述 Clarke 和 Park 坐标变换，可以得到两相同步旋转坐标系下的 dq 轴电压方程为

$$\begin{cases} v_{\mathrm{q}}=R_{\mathrm{o}}i_{\mathrm{q}}+\dfrac{\mathrm{d}\lambda_{\mathrm{qo}}}{\mathrm{d}t}+\dfrac{\pi v\lambda_{\mathrm{do}}}{\tau}+\zeta_{\mathrm{q}} \\ v_{\mathrm{d}}=R_{\mathrm{o}}i_{\mathrm{d}}+\dfrac{\mathrm{d}\lambda_{\mathrm{do}}}{\mathrm{d}t}-\dfrac{\pi v\lambda_{\mathrm{qo}}}{\tau}+\zeta_{\mathrm{d}} \end{cases} \tag{5-1}$$

式中 v_{q}、v_{d}——qd 轴定子电压分量；

i_{q}、i_{d}——qd 轴定子电流分量；

λ_{qo}、λ_{do}——qd 轴磁链分量；

ζ_{q}、ζ_{d}——qd 轴电机参数变化对应的电压分量；

R_{o}——直线电机初级绕组电阻；

v——直线电机动子运动速度；

τ——直线电机极距。

公式中下角标“o”指参数的额定值。

qd 轴磁链还可以表示成

$$\begin{cases} \lambda_{\mathrm{qo}}=L_{\mathrm{qo}}i_{\mathrm{q}} \\ \lambda_{\mathrm{do}}=L_{\mathrm{do}}i_{\mathrm{d}}+\lambda_{\mathrm{fo}} \end{cases} \tag{5-2}$$

式中 L_{qo}、L_{do}——qd 轴电感分量；

λ_{fo}——永磁体磁链。

由于电机参数受系统工况等不确定因素影响，参数变化时的 qd 轴电压扰动分量 ζ_{q}、ζ_{d} 可以表示成

$$\begin{cases} \zeta_{\mathrm{q}}=\Delta Ri_{\mathrm{q}}+\dfrac{\Delta L_{\mathrm{q}}\mathrm{d}i_{\mathrm{q}}}{\mathrm{d}t}+\dfrac{\pi v\Delta L_{\mathrm{d}}i_{\mathrm{d}}}{\tau}+\dfrac{\pi v\Delta\lambda_{\mathrm{f}}}{\tau} \\ \zeta_{\mathrm{d}}=\Delta Ri_{\mathrm{d}}+\dfrac{\Delta L_{\mathrm{d}}\mathrm{d}i_{\mathrm{d}}}{\mathrm{d}t}-\dfrac{\pi v\Delta L_{\mathrm{q}}i_{\mathrm{q}}}{\tau} \end{cases} \tag{5-3}$$

式中　ΔR——电阻变化值，$\Delta R=R-R_o$；

ΔL_q、ΔL_d——qd 轴电感变化值，$\Delta L_q=L_q-L_{qo}$，$\Delta L_d=L_d-L_{do}$；

$\Delta\lambda_f$——永磁体磁链变化值，$\Delta\lambda_f=\lambda_f-\lambda_{fo}$。

永磁同步直线电机的电磁推力可以表示为

$$F_e=\frac{3\pi}{2\tau}[\lambda_f i_q+(L_d-L_q)i_d i_q] \tag{5-4}$$

由于直线电机的气隙相对较大，可以认为 qd 轴电感近似相等，即 $L_q=L_d=L_s$，因此电磁推力可以简化为

$$F_e=\frac{3\pi\lambda_f}{2\tau}i_q=k_f i_q \tag{5-5}$$

式中　k_f——推力系数。

若直线电机工作在额定推力范围内，电磁推力与 q 轴电流呈现线性关系，因此采用 $i_d^*=0$ 的空间矢量控制方式时，可以通过准确调节 q 轴电流值，实现电机电磁推力的精确控制。

由于电机驱动控制系统通常采用 DSP、单片机或 FPGA 等数字处理器作为系统控制器，而数字处理器针对的是离散化模型，因此需要对永磁同步直线电机数学模型进行离散化处理。

根据式（5-1）所示的永磁同步直线电机 dq 轴电压方程，对其进行离散化处理可得

$$\begin{cases} v_q(k)=R_o i_q(k)+\dfrac{L_{qo}}{T_s}[i_q(k+1)-i_q(k)]+\dfrac{\pi v L_{do}}{\tau}i_d(k)+\dfrac{\pi v\lambda_{fo}}{\tau}+\zeta_q(k) \\ v_d(k)=R_o i_d(k)+\dfrac{L_{do}}{T_s}[i_d(k+1)-i_d(k)]-\dfrac{\pi v L_{qo}}{\tau}i_q(k)+\zeta_d(k) \end{cases} \tag{5-6}$$

式中　T_s——采样周期。

若将式（5-6）中变量用空间矢量表示，可以整理成

$$\boldsymbol{V}(k)=\boldsymbol{G}\cdot\boldsymbol{I}(k)+\boldsymbol{H}\cdot\boldsymbol{I}(k+1)+\boldsymbol{\lambda}+\boldsymbol{D}(k) \tag{5-7}$$

式中

$$\begin{cases} \boldsymbol{V}(k)=[v_q(k)\quad v_d(k)]^{\mathrm{T}},\boldsymbol{I}(k)=[i_q(k)\quad i_d(k)]^{\mathrm{T}},\boldsymbol{\lambda}=\left[\dfrac{\pi v\lambda_{fo}}{\tau}\quad 0\right]^{\mathrm{T}}, \\ \boldsymbol{D}(k)=[\zeta_q(k)\quad \zeta_d(k)]^{\mathrm{T}},\boldsymbol{G}=\begin{bmatrix} R_o-\dfrac{L_{qo}}{T_s} & \dfrac{\pi v L_{do}}{\tau} \\ \dfrac{-\pi v L_{qo}}{\tau} & R_o-\dfrac{L_{do}}{T_s} \end{bmatrix},\boldsymbol{H}=\begin{bmatrix} \dfrac{L_{qo}}{T_s} & 0 \\ 0 & \dfrac{L_{do}}{T_s} \end{bmatrix} \end{cases} \tag{5-8}$$

为了便于以后的分析，将式（5-7）中第 $k+1$ 时刻电流移到等号左侧，可以写成

$$\boldsymbol{I}(k+1)=\boldsymbol{G}_0\cdot\boldsymbol{I}(k)+\boldsymbol{H}_0\cdot[\boldsymbol{V}(k)-\boldsymbol{\lambda}-\boldsymbol{D}(k)] \tag{5-9}$$

式中，$\boldsymbol{G}_0=\begin{bmatrix} 1-\dfrac{T_s R_o}{L_{qo}} & \dfrac{-\pi v T_s}{\tau} \\ \dfrac{\pi v T_s}{\tau} & 1-\dfrac{T_s R_o}{L_{do}} \end{bmatrix}$，$\boldsymbol{H}_0=\begin{bmatrix} \dfrac{T_s}{L_{qo}} & 0 \\ 0 & \dfrac{T_s}{L_{do}} \end{bmatrix}$。

5.2.2 电压空间矢量控制

本书研究的永磁同步直线电机数字驱动控制系统如图 5-1 所示。电流控制器通过对电流偏差的调节获得参考电压指令，该指令经过 SVPWM 后，得到的六路 PWM 控制信号经驱动电路放大后输入三相电压源逆变器（Voltage Source Inverter，VSI）。最终通过三相 VSI 的调制，永磁同步直线电机获得实际工作电压，从而调节电机电流，构成完整的电流闭环控制。

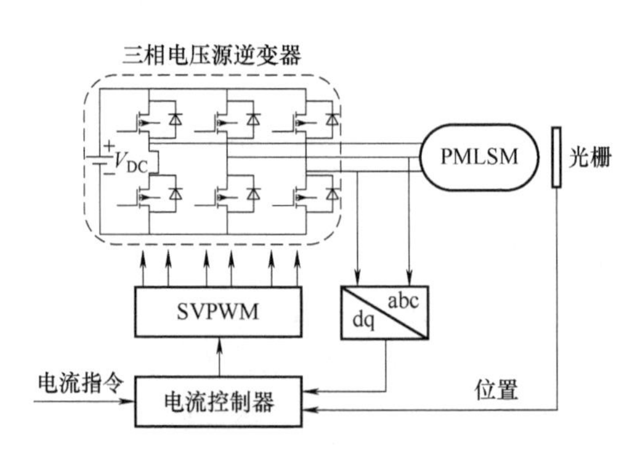

图 5-1　永磁同步直线电机数字驱动控制系统

在整个电机驱动控制过程中，采用的空间矢量脉宽调制（SVPWM）技术是实现矢量控制的关键。三相 VSI 有 8 个不同的开关状态，每个状态对应一种基本的电压空间矢量，可以分为 6 个有效基本电压空间矢量（$\boldsymbol{U}_1 \sim \boldsymbol{U}_6$）和 2 个零电压空间矢量（$\boldsymbol{U}_0$ 和 $\boldsymbol{U}_7$），如图 5-2 所示。这 8 个基本电压矢量可以合成空间中任意的参考电压矢量 $\boldsymbol{U}_{\mathrm{ref}}$。SVPWM 技术具有母线电压利用率高和谐波畸变小等优点，在实际电机驱动控制中得到广泛应用。

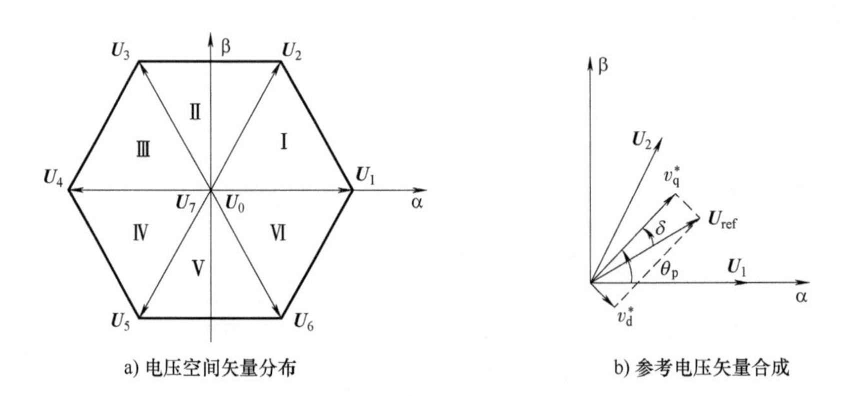

a) 电压空间矢量分布　　b) 参考电压矢量合成

图 5-2　电压空间矢量的分布与合成

对于参考电压矢量 $\boldsymbol{U}_{\mathrm{ref}}$，以其位于第Ⅰ扇区为例进行合成。与其相邻的基本电压矢量为 $\boldsymbol{U}_1$ 和 $\boldsymbol{U}_2$，参考电压矢量 $\boldsymbol{U}_{\mathrm{ref}}$与基本电压矢量 $\boldsymbol{U}_1$ 的夹角 θ 为

$$\theta=\theta_{\mathrm{p}}-\delta \tag{5-10}$$

式中　θ_{p}——电机位置对应的电角度；

δ——$\boldsymbol{U}_{\mathrm{ref}}$与 q 轴夹角，$\delta=\arctan(v_{\mathrm{d}}^{*}/v_{\mathrm{q}}^{*})$。

而参考电压矢量与相邻基本电压矢量的对应关系为

$$\begin{cases} t_1\boldsymbol{U}_1+t_2\boldsymbol{U}_2=\boldsymbol{U}_{\text{ref}}T_s \\ t_0=T_s-t_1-t_2 \end{cases} \tag{5-11}$$

式中，t_1、t_2 和 t_0 分别为 $\boldsymbol{U}_1$、$\boldsymbol{U}_2$ 和 $\boldsymbol{U}_0$ 作用时间。

由于基本电压矢量幅值为 $2V_{DC}/3$，因此，通过图 5-2b 中参考电压矢量合成关系，可解得式（5-11）中基本电压矢量的作用时间为

$$\begin{cases} t_1=\dfrac{3}{2}\left(\cos\theta-\dfrac{1}{\sqrt{3}}\sin\theta\right)\dfrac{U_{\text{ref}}T_s}{V_{DC}} \\ t_2=\sqrt{3}\sin\theta\,\dfrac{U_{\text{ref}}T_s}{V_{DC}} \end{cases} \tag{5-12}$$

式中　U_{ref}——参考电压矢量 $\boldsymbol{U}_{\text{ref}}$ 幅值。

5.3　预测电流控制的时延问题分析与研究

5.3.1　时延问题对预测电流控制的影响

预测电流控制的主要思想是：假设参数扰动矢量 $\boldsymbol{D}(k)$ 已知，在第 k 个采样周期（通常 1 个采样周期＝1 个控制周期＝1 个开关周期）的起始时刻，根据当前时刻采样电流 $\boldsymbol{I}(k)$ 和参考电流指令 $\boldsymbol{I}^*(k+1)$，结合式（5-7）给出的离散化模型，可以计算出第 k 个采样周期的参考电压指令 $\boldsymbol{V}^*(k)$，若将得到的电压指令值加在直线电机上，则在一个控制周期后，即第 $k+1$ 个采样周期的起始时刻，电机的实际电流 $\boldsymbol{I}(k+1)$ 跟踪上参考电流指令 $\boldsymbol{I}^*(k+1)$。

根据预测电流控制的工作原理，可以得到第 k 个采样周期的参考电压指令 $\boldsymbol{V}^*(k)$ 为

$$\boldsymbol{V}^*(k)=\boldsymbol{G}\cdot\boldsymbol{I}(k)+\boldsymbol{H}\cdot\boldsymbol{I}^*(k+1)+\boldsymbol{\lambda}+\boldsymbol{D}(k) \tag{5-13}$$

但是在实际过程中，由于数字控制系统存在一个采样周期的时间延迟，所得到的第 k 个采样周期的参考电压指令 $\boldsymbol{V}^*(k)$ 不能立刻加到电机两端，而是在第 $k+1$ 个采样周期初始时刻加载到电机上。因此原则上在第 $k+1$ 个采样周期结束（或第 $k+2$ 个采样周期初始）才能跟踪上指令电流 $\boldsymbol{I}^*(k+1)$。具体的预测电流控制时序图如图 5-3 所示。

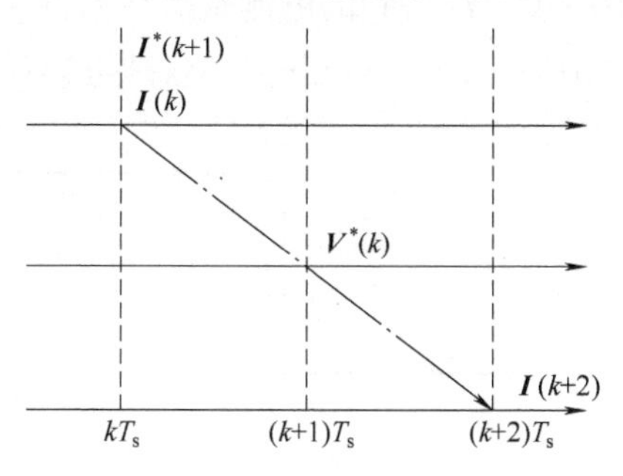

图 5-3　预测电流控制时序图

在数字控制系统中，时延问题会带来跟踪电流的超调甚至是振荡现象，如图 5-4 所示。这种不稳定现象主要是因为预测电流控制方法是一种快速的电流控制策略所导致，电压指令一个采样周期的延迟会导致电流控制不稳定，需要合理的设计方法解决这一问题。

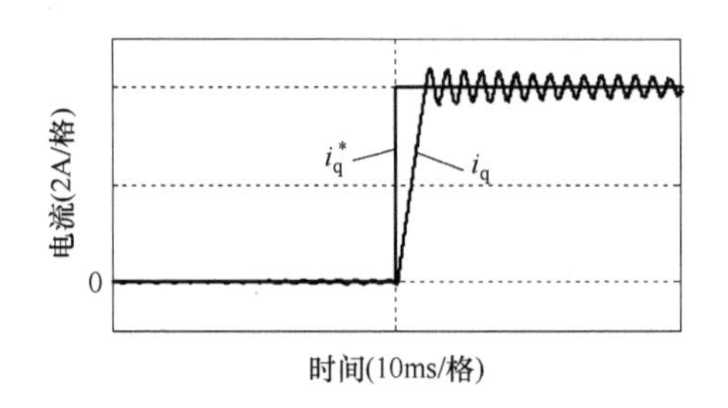

图 5-4 不考虑时延问题时的预测电流控制性能

5.3.2 时延补偿方法

为了解决预测电流控制的时延问题，需要对时延补偿方法开展研究。

由于计算得到的参考电压指令延迟一个采样周期才能加载到电机两端。因此应该计算第 $k+1$ 个采样周期的参考电压指令 $\boldsymbol{V}^*(k+1)$，可以表示为

$$\boldsymbol{V}^*(k+1)=\boldsymbol{G}\cdot\boldsymbol{I}_{\eta}(k+1)+\boldsymbol{H}\cdot\boldsymbol{I}^*(k+2)+\boldsymbol{\lambda}+\boldsymbol{D}(k+1) \tag{5-14}$$

式中 $\boldsymbol{I}_{\eta}(k+1)$——第 $k+1$ 个采样周期初始时刻电流 $\boldsymbol{I}(k+1)$ 的估算值，根据式（5-9），可以计算 $\boldsymbol{I}_{\eta}(k+1)$ 为

$$\boldsymbol{I}_{\eta}(k+1)=\boldsymbol{G}_0\cdot\boldsymbol{I}(k)+\boldsymbol{H}_0\cdot(\boldsymbol{V}(k)-\boldsymbol{\lambda}-\boldsymbol{D}(k)) \tag{5-15}$$

将式（5-15）代入式（5-14）中，得到第 $k+1$ 个采样周期的参考电压指令最终表达式为

$$\begin{aligned}\boldsymbol{V}^*(k+1)=&\boldsymbol{G}\cdot\boldsymbol{G}_0\cdot\boldsymbol{I}(k)+\boldsymbol{H}\cdot\boldsymbol{I}^*(k+2)+\boldsymbol{G}\cdot\boldsymbol{H}_0\cdot\boldsymbol{V}(k)+\\&(\boldsymbol{I}-\boldsymbol{G}\cdot\boldsymbol{H}_0)\cdot\boldsymbol{\lambda}-\boldsymbol{G}\cdot\boldsymbol{H}_0\cdot\boldsymbol{D}(k)+\boldsymbol{D}(k+1)\end{aligned} \tag{5-16}$$

式中 $\boldsymbol{I}$——单位矩阵。

与式（5-13）相比，式（5-16）所示的预测电流控制方法是对第 $k+1$ 个采样周期的参考电压指令进行计算。因此对于参考电流指令 $\boldsymbol{I}^*(k+2)$，需要两个控制周期才能实现对其准确跟踪，符合数字控制系统中各环节的时序过程，能够解决时延所带来的不稳定现象。图 5-5 为采用式（5-16）的预测电流控制方法得到的电流跟踪结果，与图 5-4 相比可以看出，由时延问题带来的超调与振荡现象消失了，实际电流能够快速准确地跟踪电流指令。

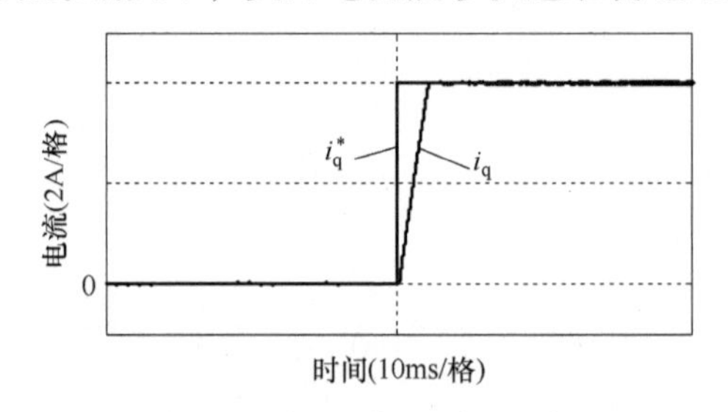

图 5-5 考虑时延问题时的预测电流控制性能

5.3.3　参考电压矢量限制

由于母线电压的限制，在两相同步旋转坐标轴下，三相 VSI 输出的最大参考电压矢量幅值不能超过一定范围。如果计算得到的参考电压指令 $\boldsymbol{V}^*(k+1)$ 超出该范围，将导致加载到电机两端的电压实际值与计算值不符，这会影响到下一个采样周期参考电压计算的准确性。因此，为了使三相逆变器维持在线性调制范围内，防止饱和失真，需要对参考电压矢量进行约束。在图 5-6 中，由 6 个基本电压矢量形成六角形的内切圆，就是计算出的参考电压矢量工作范围。

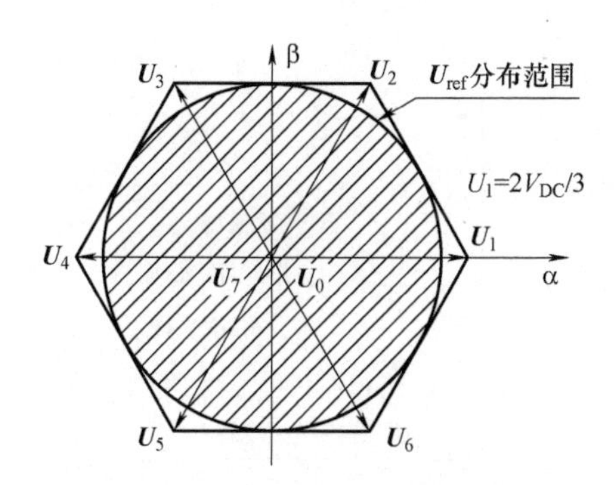

图 5-6　参考电压矢量分布范围

由于图 5-6 中六边形边长为 $2V_{\mathrm{DC}}/3$，可以得到参考电压矢量最大幅值，即内切圆半径为

$$U_{\mathrm{ref}}\big|_{\max}=\frac{V_{\mathrm{DC}}}{\sqrt{3}} \tag{5-17}$$

当计算出的参考电压矢量 $\boldsymbol{U}_{\mathrm{ref}}=\boldsymbol{V}^*(k+1)=[v_{\mathrm{q}}^*(k+1)\quad v_{\mathrm{d}}^*(k+1)]^{\mathrm{T}}$ 出现如下情况：$U_{\mathrm{ref}}\geqslant V_{\mathrm{DC}}/\sqrt{3}$，可采取以下方法对参考电压矢量进行约束

$$\begin{cases} v_{\mathrm{q1}}^*(k+1)=v_{\mathrm{q}}^*(k+1)\dfrac{V_{\mathrm{DC}}}{\sqrt{3}\,U_{\mathrm{ref}}} \\ v_{\mathrm{d1}}^*(k+1)=v_{\mathrm{d}}^*(k+1)\dfrac{V_{\mathrm{DC}}}{\sqrt{3}\,U_{\mathrm{ref}}} \end{cases} \tag{5-18}$$

将修正后的参考电压矢量 $\boldsymbol{U}_{\mathrm{ref1}}=\boldsymbol{V}_1^*(k+1)=[v_{\mathrm{q1}}^*(k+1)\quad v_{\mathrm{d1}}^*(k+1)]^{\mathrm{T}}$ 用于电压空间矢量脉宽调制中，可解决参考电压矢量过大带来的不利影响。

5.3.4　时延角度补偿

针对预测电流控制中的数字时延问题，通过计算第 $k+1$ 个采样周期的参考电压指令解决了这一问题。然而，所采用的方法是在第 k 个采样周期初始时刻，利用当前采样电压值和电流值计算电压指令，而用于矢量控制中的角度值为当前时刻采样值 θ_{p}。但在实际应用中，计算的参考电压指令经过 SVPWM 调制和驱动电路放大后，在第 $k+1$ 个采样周期期间才加载到电机两端，这就会带来约 1.5 倍采样周期的延迟。例如，当电机运行速度为 2m/s，电机

极距 $\tau=12\text{mm}$，采样周期为 100μs 时，1.5 倍采样周期的角度误差为 4.5°。这个角度偏差随着电机运动速度的升高而增加，随着采样周期变长而增加。在超精密直线电机系统中，电机位置角度的偏差会减小电机输出推力，在相同负载条件下，会增加电机工作电流，从而影响驱动器的功率等级和电机散热结构。因此，需要对提出的预测电流控制方法中出现的时延角度进行补偿。

图 5-7 为预测电流控制时延问题所带来角度偏差的示意图，电机矫正角度的补偿值 θ_{comp} 可以表示为

$$\theta_{\text{comp}}=\frac{1.5vT_{\text{s}}}{\tau}\pi \tag{5-19}$$

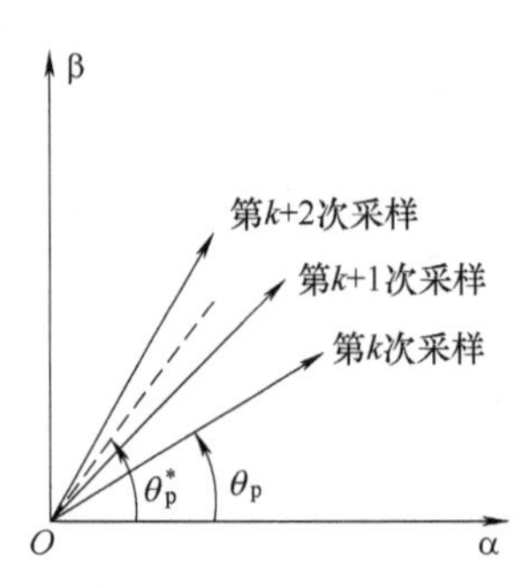

图 5-7 时延问题带来的角度偏差示意图

最终得到的电机矫正角度 θ_{p}^{*} 可以表示为

$$\theta_{\text{p}}^{*}=\theta_{\text{p}}+\theta_{\text{comp}} \tag{5-20}$$

5.4 预测电流控制的参数变化问题分析

在考虑时延问题的预测电流控制方法能够在两个控制周期后跟踪上电流指令，与其他电流控制策略相比，该方法使得永磁同步直线电机系统的电流环具有高带宽的特点。然而，提出的方法是在假设已知系统参数变化基础上实现的。从式（5-16）中可以看出，计算出的参考电压指令含有第 k 和 $k+1$ 个采样周期的参数变化值，如果忽略了参数变化对预测电流控制方法的影响，将降低电流闭环系统的鲁棒性。因此，需要对预测电流控制中的参数变化问题开展研究。

5.4.1 参数变化对预测电流控制的影响

对式（5-16）中参考电压计算公式分析，可以得出参数变化对永磁同步直线电机电流闭环系统性能的影响。由于计算出的参考电压指令通过 SVPWM 逆变技术加到直线电机两端，假设在逆变过程中，实际电压值与参考电压指令之间无衰减和失真现象发生，即满足

$$\boldsymbol{V}(k+1)=\boldsymbol{V}^{*}(k+1) \tag{5-21}$$

在这一假设条件下，可以获得不考虑参数变化情况下预测电流控制带来的电流跟踪偏

差。在实际应用系统中，第 k+1 个采样周期内的电压方程为

$$\boldsymbol{V}(k+1)=\boldsymbol{G}\cdot\boldsymbol{G}_0\cdot\boldsymbol{I}(k)+\boldsymbol{H}\cdot\boldsymbol{I}(k+2)+\boldsymbol{G}\cdot\boldsymbol{H}_0\cdot\boldsymbol{V}(k)+(\boldsymbol{I}-\boldsymbol{G}\cdot\boldsymbol{H}_0)\cdot\boldsymbol{\lambda}-\boldsymbol{G}\cdot\boldsymbol{H}_0\cdot\boldsymbol{D}(k)+\boldsymbol{D}(k+1) \tag{5-22}$$

而忽略参数变化项，计算出的参考电压方程为

$$\boldsymbol{V}^*(k+1)=\boldsymbol{G}\cdot\boldsymbol{G}_0\cdot\boldsymbol{I}(k)+\boldsymbol{H}\cdot\boldsymbol{I}^*(k+2)+\boldsymbol{G}\cdot\boldsymbol{H}_0\cdot\boldsymbol{V}(k)+(\boldsymbol{I}-\boldsymbol{G}\cdot\boldsymbol{H}_0)\cdot\boldsymbol{\lambda} \tag{5-23}$$

因此，对式（5-22）与式（5-23）进行相减运算，获得未考虑参数变化情况下，参考电流矢量 $\boldsymbol{I}^*(k+2)$ 与实际电流矢量 $\boldsymbol{I}(k+2)$ 间存在的偏差，可以表达为

$$\boldsymbol{I}^*(k+2)-\boldsymbol{I}(k+2)=\boldsymbol{H}^{-1}\cdot[\boldsymbol{D}(k+1)-\boldsymbol{G}\cdot\boldsymbol{H}_0\cdot\boldsymbol{D}(k)] \tag{5-24}$$

通常情况下，电机参数变化频率远低于电流控制频率，因此可以认为相邻两个控制周期内，参数变化矢量值近似相等，即

$$\boldsymbol{D}(k)\approx\boldsymbol{D}(k+1) \tag{5-25}$$

所以，根据已知的常数矩阵，并结合参数变化表达式（5-3），获得式（5-24）的展开表达式为

$$\begin{cases} i_{\mathrm{q}}^*(k+2)-i_{\mathrm{q}}(k+2)=\dfrac{T_{\mathrm{s}}}{L_{\mathrm{so}}}\left[\left(2-\dfrac{R_{\mathrm{o}}T_{\mathrm{s}}}{L_{\mathrm{so}}}\right)\cdot\zeta_{\mathrm{q}}(k)-\dfrac{\pi v T_{\mathrm{s}}}{\tau}\cdot\zeta_{\mathrm{d}}(k)\right] \\ i_{\mathrm{d}}^*(k+2)-i_{\mathrm{d}}(k+2)=\dfrac{T_{\mathrm{s}}}{L_{\mathrm{so}}}\left[\dfrac{\pi v T_{\mathrm{s}}}{\tau}\cdot\zeta_{\mathrm{q}}(k)+\left(2-\dfrac{R_{\mathrm{o}}T_{\mathrm{s}}}{L_{\mathrm{so}}}\right)\cdot\zeta_{\mathrm{d}}(k)\right] \end{cases} \tag{5-26}$$

当直线电机气隙磁场在非饱和区时，电机输出推力与 q 轴电流呈现线性关系。因此，本书以 q 轴电流为例，分别分析电机电阻、电感和磁链变化时，即控制器中电机参数与实际参数不匹配时，对 q 轴电流控制性能带来的影响。

1. 电阻变化时

如果电机电阻发生变化，扰动值为 ΔR，而其他参数不发生变化，那么根据式（5-26），可以得出 q 轴电流在第 k+2 个采样周期起始时刻跟踪偏差为

$$i_{\mathrm{q}}^*(k+2)-i_{\mathrm{q}}(k+2)=\frac{T_{\mathrm{s}}}{L_{\mathrm{so}}}\left[\left(2-\frac{R_{\mathrm{o}}T_{\mathrm{s}}}{L_{\mathrm{so}}}\right)\cdot\Delta R\cdot i_{\mathrm{q}}(k)-\frac{\pi v T_{\mathrm{s}}}{\tau}\cdot\Delta R\cdot i_{\mathrm{d}}(k)\right] \tag{5-27}$$

可以看出，q 轴电流跟踪偏差由两部分组成：①与 q 轴电流有关，②与 d 轴电流有关。由于电机控制策略采用 $i_{\mathrm{d}}^*=0$ 的空间矢量控制方式，在稳态时，②跟踪偏差近似为零。因此，可以得到电流跟踪偏差的简化表达式

$$i_{\mathrm{q}}^*(k+2)-i_{\mathrm{q}}(k+2)\approx\frac{T_{\mathrm{s}}}{L_{\mathrm{so}}}\cdot\left(2-\frac{R_{\mathrm{o}}T_{\mathrm{s}}}{L_{\mathrm{so}}}\right)\cdot\Delta R\cdot i_{\mathrm{q}}(k) \tag{5-28}$$

通过对式（5-28）分析可以发现，当电机电阻发生变化时，实际跟踪电流会与电流指令间存在一个固定偏差。在实际电流稳定后，该偏差与电阻变化值 ΔR 成正比。由于电机的电气时间常数与采样周期的乘积远小于 2（$R_{\mathrm{o}}=3.9\Omega$，$L_{\mathrm{so}}=28.5\mathrm{mH}$，$T_{\mathrm{s}}=100\mu\mathrm{s}$，$R_{\mathrm{o}}T_{\mathrm{s}}/L_{\mathrm{so}}=0.014\mathrm{s}$），$R_{\mathrm{o}}T_{\mathrm{s}}/L_{\mathrm{so}}$可以忽略不计。此外，电流偏差还与采样周期 T_{s} 和电机电感额定值 L_{so}的比值相关。因此，在实际电流达到稳态后，电机电阻变化会影响电流闭环系统的跟踪精度。

2. 电感变化时

如果电机电感发生变化，变化值为 ΔL_s，而其他参数不发生变化，那么根据式（5-26），可以得出 q 轴电流在第 k+2 个采样周期起始时刻跟踪偏差为

$$i_q^*(k+2)-i_q(k+2)=\frac{T_s}{L_{so}}\left[\left(2-\frac{R_oT_s}{L_{so}}\right)\cdot\left(\frac{\Delta L_q}{2T_s}\cdot(i_q(k+2)-i_q(k))+\frac{\pi v\Delta L_d}{\tau}i_d(k)\right)-\frac{\pi vT_s}{\tau}\cdot\left(\frac{\Delta L_d}{2T_s}\cdot(i_d(k+2)-i_d(k))-\frac{\pi v\Delta L_q}{\tau}i_q(k)\right)\right] \tag{5-29}$$

与电阻变化类似，电流偏差分为两部分。其中，与 d 轴电流相关部分由于数值较小，可以忽略，最终得到简化的电流偏差表达式为

$$i_q^*(k+2)-i_q(k+2)\approx\frac{T_s}{L_{so}}\left[\left(2-\frac{R_oT_s}{L_{so}}\right)\cdot\left(\frac{\Delta L_q}{2T_s}\cdot(i_q(k+2)-i_q(k))\right)+\left(\frac{\pi v}{\tau}\right)^2\cdot T_s\Delta L_q\cdot i_q(k)\right] \tag{5-30}$$

通过对式（5-30）分析可以发现，当电机电感发生变化时，电流偏差与电流变化值有关，即对应的（$i_q(k+2)-i_q(k)$）部分，电感的变化现象将会影响电流动态跟踪性能，对电流闭环的瞬态性能带来影响。而影响的幅度与电感变化值 ΔL_s 成正比，与电机电感额定值 L_{so}成反比。除此之外，在稳态时，电感变化还会带来稳态电流偏差，只是该偏差不是恒定的，而与电机的速度 v 的平方成正比，但通常这一部分对应的电流偏差较小，在实际的应用中可以忽略。最终可以得出，电机电感变化会影响电流闭环的瞬态性能，若电感变化值较大时，电机控制系统会发生不稳定现象。

3. 磁链变化时

如果电机磁链发生变化，变化值为 $\Delta\lambda_f$，而其他参数不发生变化，那么根据式（5-26），可以得出 q 轴电流在第 k+2 个采样周期起始时刻跟踪偏差为

$$i_q^*(k+2)-i_q(k+2)=\frac{T_s}{L_{so}}\left[\left(2-\frac{R_oT_s}{L_{so}}\right)\cdot\frac{\pi v\Delta\lambda_f}{\tau}\right] \tag{5-31}$$

可以看出，当直线电机的磁链发生变化时，如果电机速度 v 恒定，电流偏差与磁链变化值 $\Delta\lambda_f$ 成正比，与采样周期 T_s 和电机电感额定值 L_{so}的比值成正比。如果变化值恒定，则电流偏差与直线电机速度呈线性关系。从电机工作原理上分析，磁链的扰动引起了电机反电动势的变化，而电机电流跟踪偏差就是由反电动势扰动引起的。

5.4.2 扰动观测器的设计

根据以上分析，直线电机参数变化会对基于预测电流控制方法的电流闭环系统动、静态性能带来影响。因此，针对电机与控制器中出现的参数不匹配问题，本书通过参数扰动观测器实现对电机参数变化在线观测，并结合考虑时延问题的预测电流控制方法，将观测到的扰动电压值以前馈方式补偿到系统前向通道中，最终提高预测电流控制方法对参数扰动的鲁棒性。基于扰动观测器的预测电流控制方法结构框图如图 5-8 所示。

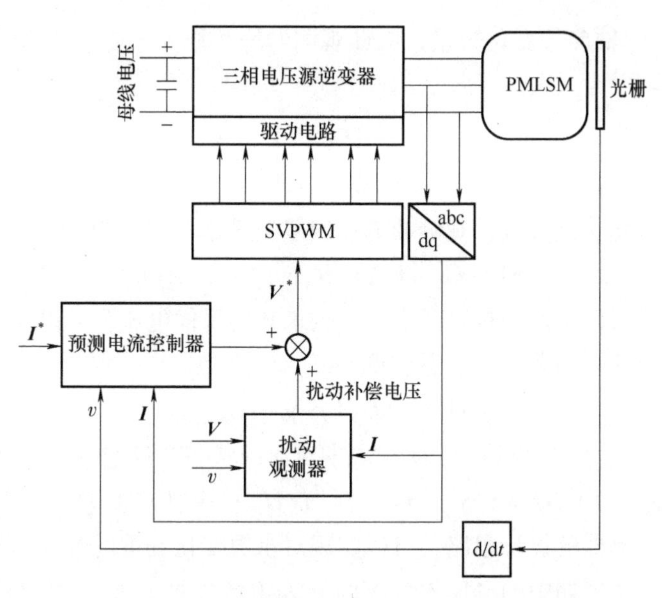

图 5-8　基于扰动观测器的预测电流控制方法框图

由于电流控制频率远高于参数变化频率，在式（5-25）中已经定义了相邻两个控制周期中参数变化矢量相等。因此，将式（5-9）与式（5-25）结合，将电流矢量 $\boldsymbol{I}(k)$ 和参数变化矢量 $\boldsymbol{D}(k)$ 作为状态变量，重新定义一组离散化状态方程

$$\begin{cases}\begin{bmatrix}\boldsymbol{I}(k+1)\\\boldsymbol{D}(k+1)\end{bmatrix}=\begin{bmatrix}\boldsymbol{G}_0 & -\boldsymbol{H}_0\\0 & \boldsymbol{I}\end{bmatrix}\begin{bmatrix}\boldsymbol{I}(k)\\\boldsymbol{D}(k)\end{bmatrix}+\begin{bmatrix}\boldsymbol{H}_0\\0\end{bmatrix}\boldsymbol{V}(k)+\begin{bmatrix}-\boldsymbol{H}_0\\0\end{bmatrix}\boldsymbol{\lambda}\\\boldsymbol{y}(k)=\begin{bmatrix}\boldsymbol{I} & 0\end{bmatrix}\begin{bmatrix}\boldsymbol{I}(k)\\\boldsymbol{D}(k)\end{bmatrix}\end{cases}\tag{5-32}$$

式中　$\boldsymbol{I}$——2 阶单位矩阵。

对于定义为 4 维离散化状态方程，其能观测矩阵 $\boldsymbol{R}$ 为

$$\boldsymbol{R}=\begin{pmatrix}\begin{bmatrix}\boldsymbol{I} & 0\end{bmatrix}\\\begin{bmatrix}\boldsymbol{I} & 0\end{bmatrix}\begin{bmatrix}\boldsymbol{G}_0 & -\boldsymbol{H}_0\\0 & \boldsymbol{I}\end{bmatrix}\\\begin{bmatrix}\boldsymbol{I} & 0\end{bmatrix}\begin{bmatrix}\boldsymbol{G}_0 & -\boldsymbol{H}_0\\0 & \boldsymbol{I}\end{bmatrix}^2\\\begin{bmatrix}\boldsymbol{I} & 0\end{bmatrix}\begin{bmatrix}\boldsymbol{G}_0 & -\boldsymbol{H}_0\\0 & \boldsymbol{I}\end{bmatrix}^3\end{pmatrix}\tag{5-33}$$

可以求得能观测矩阵 $\boldsymbol{R}$ 的秩为 4，因此状态方程中的状态变量具有能观测性。对于要观测的参数变化变量，可以通过降阶状态观测器进行估算，设定

$$\hat{\boldsymbol{D}}(k+1)=\hat{\boldsymbol{D}}(k)+\boldsymbol{\gamma}\cdot\boldsymbol{\xi}\tag{5-34}$$

式中　$\hat{\boldsymbol{D}}(k)$、$\hat{\boldsymbol{D}}(k+1)$——相邻控制周期观测的参数变化矢量；

$\boldsymbol{\gamma}$——观测器增益矩阵；

$\boldsymbol{\xi}$——观测的电压偏差矢量。

由于观测的是 qd 轴参数变化矢量，因此观测器增益矩阵 $\boldsymbol{\gamma}$ 定义为 2×2 阶矩阵，可以表示为

$$\boldsymbol{\gamma}=\begin{bmatrix} r_1 & r_2 \\ r_3 & r_4 \end{bmatrix} \tag{5-35}$$

根据定义的离散化状态方程，观测的电压偏差矢量 $\boldsymbol{\xi}$ 可表示为

$$\boldsymbol{\xi}=\boldsymbol{I}(k+1)-\boldsymbol{G}_0\cdot\boldsymbol{I}(k)-\boldsymbol{H}_0\cdot\{\boldsymbol{V}(k)-\boldsymbol{\lambda}-\hat{\boldsymbol{D}}(k)\} \tag{5-36}$$

可以看到，在式（5-36）中包含了下一时刻未知的采样电流，可以通过重新定义状态观测器的状态变量解决这一问题，新状态变量 $\boldsymbol{Q}(k)$ 定义为

$$\boldsymbol{Q}(k)=\hat{\boldsymbol{D}}(k)-\boldsymbol{\gamma}\cdot\boldsymbol{I}(k) \tag{5-37}$$

根据式（5-34），计算出第 $k+1$ 个采样周期对应的状态变量 $\boldsymbol{Q}(k+1)$ 为

$$\boldsymbol{Q}(k+1)=\hat{\boldsymbol{D}}(k)-\boldsymbol{\gamma}\cdot\{\boldsymbol{G}_0\cdot\boldsymbol{I}(k)+\boldsymbol{H}_0\cdot[\boldsymbol{V}(k)-\boldsymbol{\lambda}-\hat{\boldsymbol{D}}(k)]\} \tag{5-38}$$

基于以上扰动观测器的设计思路，可以实现对参数变化变量的有效估算，状态观测器的输入变量为第 k 个采样周期中的电压矢量 $\boldsymbol{V}(k)$ 和电流矢量 $\boldsymbol{I}(k)$，其余的均为电机参数构成的已知常量矩阵，最终得到的扰动观测器设计原理图如图 5-9 所示。

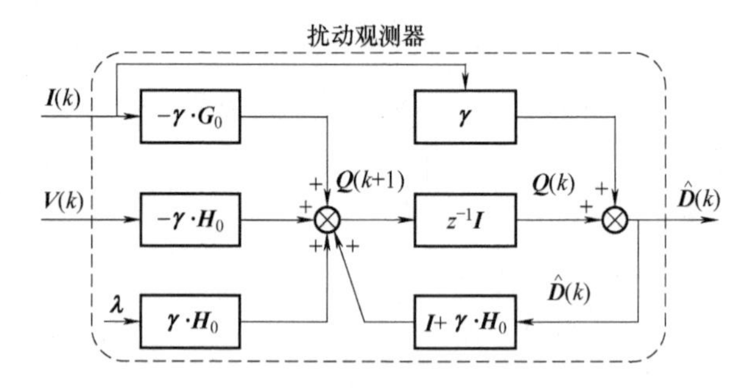

图 5-9　扰动观测器设计原理图

为了分析扰动观测器的动态观测性能，定义观测误差变量为

$$\boldsymbol{E}(k)=\boldsymbol{D}(k)-\hat{\boldsymbol{D}}(k) \tag{5-39}$$

根据式（5-25）、式（5-34）~式（5-38），可以得到扰动观测器的动态误差方程为

$$\boldsymbol{E}(k+1)=(\boldsymbol{I}+\boldsymbol{\gamma}\cdot\boldsymbol{H}_0)\cdot\boldsymbol{E}(k) \tag{5-40}$$

在动态误差方程中，矩阵（$\boldsymbol{I}+\boldsymbol{\gamma}\cdot\boldsymbol{H}_0$）决定了观测器的观测速度和误差的收敛性。因此，通过设计矩阵（$\boldsymbol{I}+\boldsymbol{\gamma}\cdot\boldsymbol{H}_0$）的特征值获得合理的观测增益矩阵 $\boldsymbol{\gamma}$，成为得到扰动观测器良好动态性能的关键，矩阵（$\boldsymbol{I}+\boldsymbol{\gamma}\cdot\boldsymbol{H}_0$）的特征值求解方式如下：

$$\det|z\boldsymbol{I}-(\boldsymbol{I}+\boldsymbol{\gamma}\cdot\boldsymbol{H}_0)|=0 \tag{5-41}$$

通过解行列式的根，获得矩阵（$\boldsymbol{I}+\boldsymbol{\gamma}\cdot\boldsymbol{H}_0$）的特征值，然后利用连续域到离散域的函数变换原理，求得离散域中合理的配置极点，最终确定观测增益矩阵 $\boldsymbol{\gamma}$ 的各参数值。

5.4.3　仿真分析

下面基于 Simulink 仿真软件，对提出的预测电流控制方法进行仿真分析，仿真中用的永

磁同步直线电机参数见表 5-1。

表 5-1　仿真用永磁同步直线电机主要参数

参　数	数　值
额定推力/N	450
峰值推力/N	1250
初级电阻/Ω	4. 2
初级电感/mH	28. 5
动子质量/kg	45
极距/mm	12
推力系数/(N/A)	98
磁链/Wb	0. 12

此外，母线电压 $V_{DC}=100V$，采样周期为 100μs，扰动观测器观测增益矩阵 $\boldsymbol{\gamma}$ 的参数选择为：$\gamma_1=-21.39$，$\gamma_2=-19.77$，$\gamma_3=19.77$，$\gamma_4=-21.39$。具体分析过程如下：在电机参数与控制器设定值匹配条件下，分别在电机电阻、电感和磁链参数变化时，分析两种预测电流控制方法的控制性能。

在电阻变化仿真中，针对电阻变化问题进行分析。设定电阻变化 $\Delta R=R-R_o=0.5R$，在 $t=10$ms 时刻，阶跃电流指令为 $i_q^*=1$A、$i_d^*=0$。用基于观测器的预测电流控制方法对电阻变化进行补偿。

图 5-10 为电阻变化时，未补偿的预测电流控制性能。可以看出，在不同电流给定值条件下，电阻变化并不影响预测电流控制的动态响应能力，但在电机达到稳态之后，实际电流与给定电流之间存在一个静差值。因此，电阻参数变化对预测电流控制方法的跟踪精度带来影响。

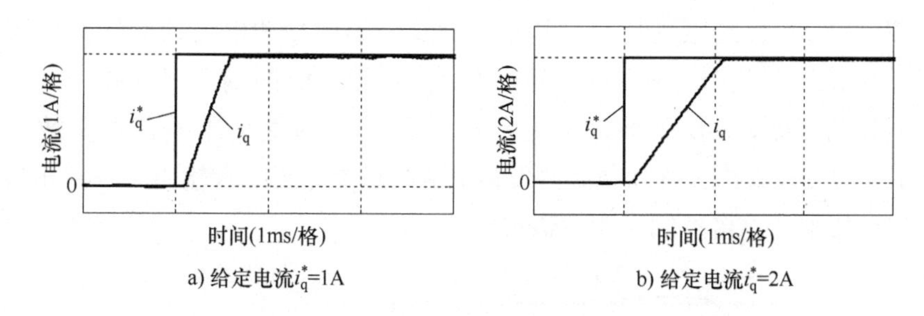

a) 给定电流i_q^*=1A　　b) 给定电流i_q^*=2A

图 5-10　$\Delta R=0.5R$ 时未补偿方法的控制性能

图 5-11 为 $i_q^*=1$A 且电阻变化时，基于扰动观测器的预测电流控制性能仿真结果。由图 5-11a 可以看出，经过扰动观测器的补偿作用，电阻变化带来的静差在经过 0. 8ms 后消失了；在图 5-11b 中，扰动观测器输出的扰动电压值为恒定值，进一步说明电阻不匹配会带来恒定电流偏差。

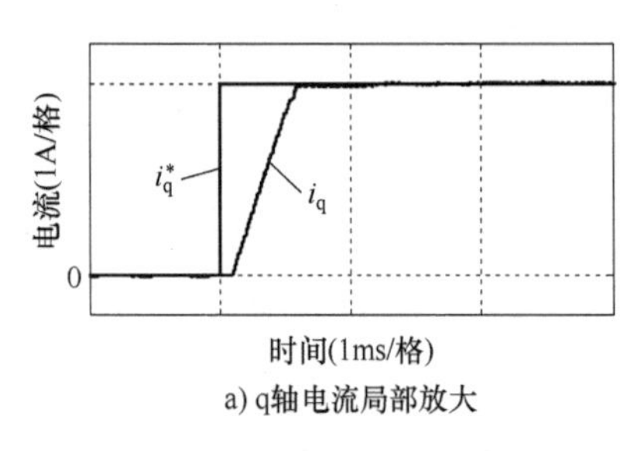

a) q轴电流局部放大

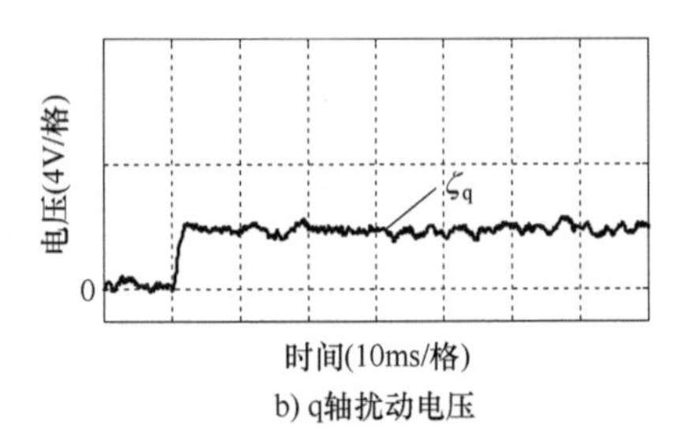

b) q轴扰动电压

图 5-11 给定电流 $i_q^*=1\text{A}$，$\Delta R=0.5R$ 时基于扰动观测器方法的控制性能

在电感变化仿真中，针对电感变化问题进行分析。设定电感变化 $\Delta L_s=L_s-L_{so}=0.5L_s$，在 t=10ms 时刻，在不同阶跃电流指令条件下，基于扰动观测器的预测电流控制方法对电感不匹配带来的扰动进行补偿。

图 5-12 为电感变化时，未补偿的预测电流控制性能。可以看出，在不同给定电流条件下，电机达到稳态后，电感不匹配问题对电流控制的稳态性能影响很小，而影响其动态响应能力。图 5-12 中所示为控制器中电感参数小于电机实际电感条件，q 轴电流上升缓慢，电流的响应时间长，电流闭环的动态响应能力下降。因此，电感参数变化对预测电流控制方法瞬态性能带来影响。

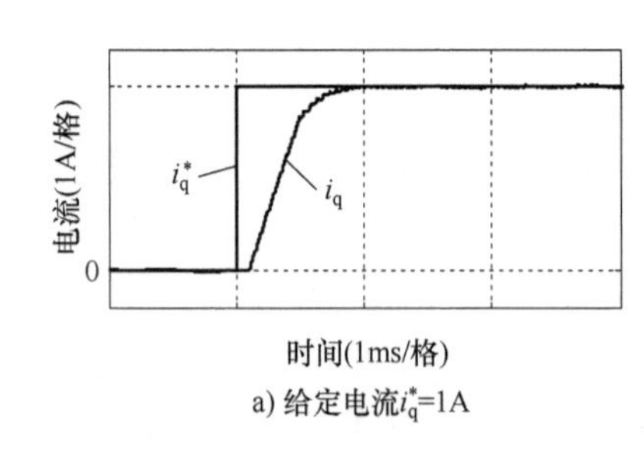

a) 给定电流 i_q^*=1A

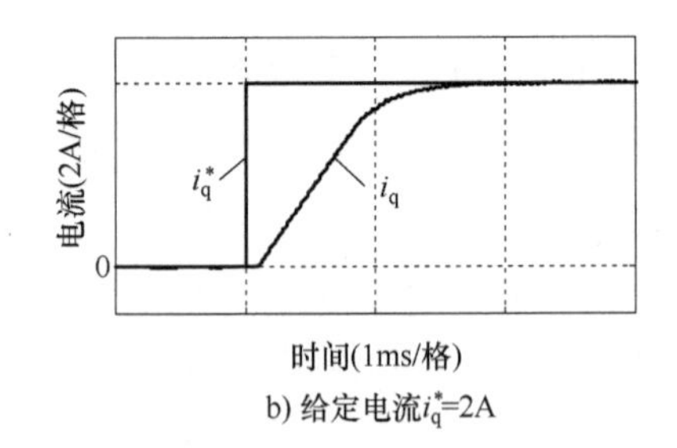

b) 给定电流 i_q^*=2A

图 5-12 $\Delta L_s=0.5L_s$ 时未补偿方法的控制性能

图 5-13 为 $i_q^*=1\text{A}$ 且电感变化时，基于扰动观测器的预测电流控制性能仿真结果。由图 5-13a 可以看出，经过扰动观测器的补偿作用，q 轴电流的响应时间减小，动态性能提升，但有一定超调，扰动补偿调整时间约为 1.5ms，可以通过调节观测器参数改变调整时间。从图 5-13b 中可以看出，扰动观测器仅在电流阶跃变化瞬间有输出，进一步说明电机电感参数变化时，影响了电流控制性能的瞬态特性。

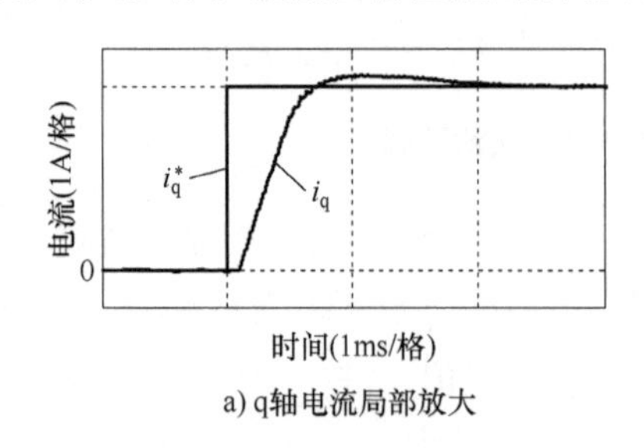

a) q轴电流局部放大

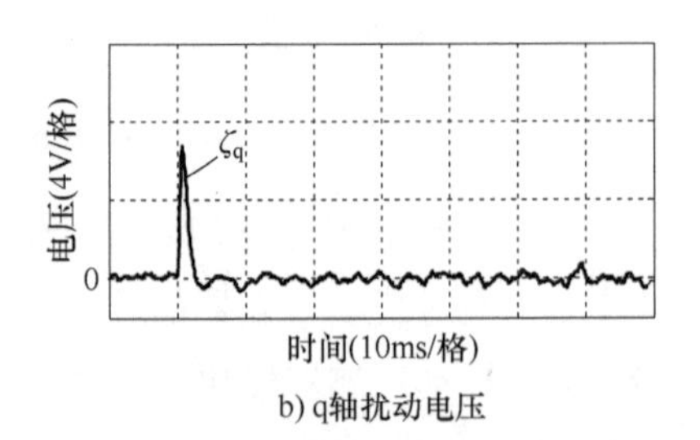

b) q轴扰动电压

图 5-13 给定电流 $i_q^*=1\text{A}$，$\Delta L_s=0.5L_s$ 时基于扰动观测器方法的控制性能

在磁链变化仿真中，针对电机磁链与控制器中设定值不匹配问题进行分析。设定磁链变化 $\Delta\lambda_f=\lambda_f-\lambda_{fo}=0.5\lambda_f$，在 $t=10$ms 时刻，不同阶跃电流指令条件下，用基于扰动观测器的预测电流控制方法对磁链不匹配带来的扰动进行补偿。

图 5-14 为 $i_q^*=1$A 且磁链变化时，未补偿方法的预测电流控制性能仿真结果。由图 5-14a 中可以看出，电机的 q 轴电流随着速度的提升逐渐减小。在 60～80ms 局部放大图 5-14b 中可以看出，实际电流值与给定电流值偏差逐渐增加。

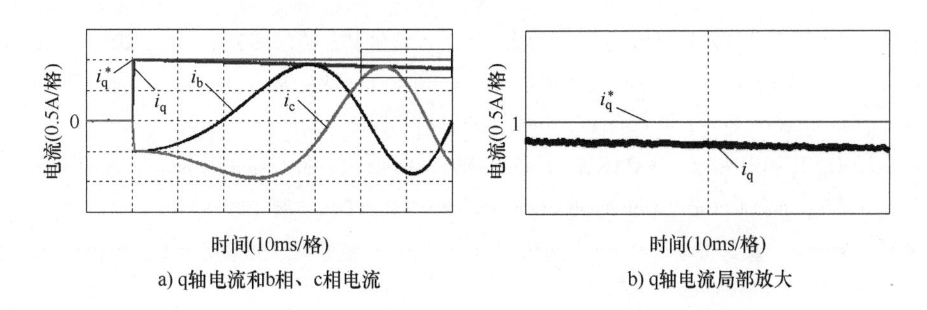

图 5-14　给定电流 $i_q^*=1$A，$\Delta\lambda_f=0.5\lambda_f$ 时未补偿方法的控制性能

图 5-15 为 $i_q^*=1$A 且磁链变化时，基于扰动观测器的预测电流控制性能仿真结果。由图 5-15a 和图 5-15b 可以看出，由控制器中磁链偏小带来的实际 q 轴电流随速度减小的现象消失了，实际电流能够快速准确地跟踪给定电流。而且由图 5-15c 可以看出，扰动观测器输出的扰动电压是随着速度升高逐渐增加的，扰动观测器的补偿效果明显。

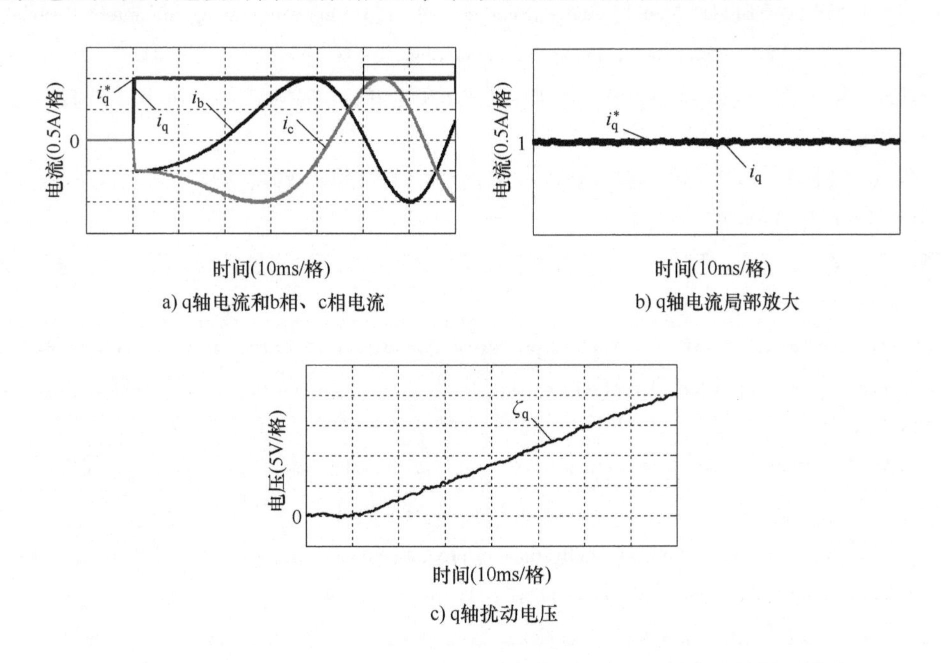

图 5-15　给定电流 $i_q^*=1$A，$\Delta\lambda_f=0.5\lambda_f$ 时基于扰动观测器方法的控制性能

参考文献

[1] 李志军，刘成颖，孟凡伟，等. 基于 ZPETC 和 DOB 的直线电机控制器设计及实验研究 [J]. 中国电机工程学报，2012，32 (24)：134-140.

[2] 洪俊杰. 绕组分段永磁直线同步电机电流预测控制的研究 [D]. 哈尔滨：哈尔滨工业大学，2010：10-17.

[3] 王宏佳. 微小型高性能永磁交流伺服系统研究 [D]. 哈尔滨：哈尔滨工业大学，2012：8-14.

[4] PAN C T，CHANG T Y. An improved hysteresis current controller for reducing switching frequency [J]. IEEE Transactions on Power Electronics，1994，9 (1)：97-104.

[5] ALDABAS E，ROMERAL L，ARIAS A，et al. Software-based digital hysteresis-band current controller [J]. IEE Proceedings on Electric Power Applications，2006，153 (2)：184-190.

[6] 廖金国，花为，程明，等. 一种永磁同步电机变占空比电流滞环控制策略 [J]. 中国电机工程学报，2015，35 (18)：4762-4769.

[7] 洪峰，善任仲，王慧贞，等. 一种变环宽准恒频电流滞环控制方法 [J]. 电工技术学报，2009，1 (1)：115-119.

[8] ZMOOD D N，HOLMES D G. Stationary frame current regulation of PWM inverters with zero steady-state error [J]. IEEE Transactions on Power Electronics，2003，18 (3)：814-822.

[9] BOUSSAK M，JARRAY K. A high-performance sensorless indirect stator flux orientation control of induction motor drive [J]. IEEE Transactions on Industrial Electronics，2006，53 (1)：41-49.

[10] HARNEFORS L，NEE H. Model-based current control of AC machines using the internal model control method [J]. IEEE Transactions on Industrial Application，1998，34 (1)：133-141.

[11] 杨南方，骆光照，刘卫国. 误差补偿的永磁同步电机电流环解耦控制 [J]. 电机与控制学报，2011，15 (10)：50-54.

[12] 周华伟，温旭辉，赵峰，等. 基于内模的永磁同步电机滑模电流解耦控制 [J]. 中国电机工程学报，2012，32 (15)：91-99.

[13] 杨明，牛里，王宏佳，等. 微小转动惯量永磁同步电机电流环动态特性的研究 [J]. 电机与控制学报，2009，13 (6)：844-849.

[14] ZHANG X，HOU B，YANG M. Deadbeat predictive current control of permanent magnet synchronous motors with stator current and disturbance observer [J]. IEEE Transactions on Power Electronics，2016，32 (5)：3818-3834.

[15] RIVERA M，RODRIGUEZ J，VAZQUEZ S. Predictive control in power converters and electrical drives—Part Ⅰ [J]. IEEE Transactions on Industrial Electronics，2016，63 (6)：3834-3836.

[16] SOCIETY I I E. Special sections on applications of predictive control in microgrids [EB/OL]. 2019. http://www.ieee-ies.org/pubs/transactions-on-industrial-electronics#issues.

[17] KENNEL R，LINDER A. Predictive control of inverter supplied electrical drives [C]. IEEE 31st Annual Power Electronics Specialists Conference，2000，2：761-766.

[18] VAZQUEZ S，RODRIGUEZ J，RIVERA M，et al. Model predictive control for power converters and drives：advances and trends [J]. IEEE Transactions on Industrial Electronics，2017，64 (2)：935-947.

[19] WANG M, LI L, PAN D, et al. High-bandwidth and strong robust current regulation for PMLSM drives considering thrust ripple [J]. IEEE Transactions on Power Electronics, 2015, 31 (9): 1-1.

[20] MOON H T, KIM H S, YOUN M J. A discrete-time predictive current control for PMSM [J]. IEEE Transactions on Power Electronics, 2003, 18 (1): 464-472.

[21] 易伯瑜，康龙云，冯自成，等. 基于扰动观测器的永磁同步电机预测电流控制 [J]. 电工技术学报，2016, 31 (18): 37-45.

[22] WANG B, DONG Z, YU Y, et al. Static-errorless deadbeat predictive current control using second-order sliding-mode disturbance observer for induction machine drives [J]. IEEE Transactions on Power Electronics, 2018, 33 (3): 2395-2403.

[23] MOHAMED Y A I, EL-SAADANY E F. Robust high bandwidth discrete-time predictive current control with predictive internal model—a unified approach for voltage source PWM converters [J]. IEEE Transactions on Power Electronics, 2008, 23 (1): 126-136.

[24] KAKOSIMOS P, ABU-RUB H. Deadbeat predictive control for PMSM drives with 3-L NPC inverter accounting for saturation effects [J]. IEEE Journal of Emerging and Selected Topics in Power Electronics, 2018, 6 (4): 1671-1680.

[25] KIM K H, YOUN M J. A simple and robust digital current control technique of a PM synchronous motor using time delay control approach [J]. IEEE Transactions on Power Electronics, 2001, 35 (12): 1027-1028.

[26] HOANG L H, SLIMANI K, VIAROUGE P. Analysis and implementation of a real-time predictive current controller for permanent-magnet synchronous servo drives [J]. IEEE Transactions on Industrial Electronics, 1994, 41 (1): 110-117.

[27] 王伟华，肖曦. 永磁同步电机高动态响应电流控制方法研究 [J]. 中国电机工程学报，2013, 33 (21): 117-124.

[28] SIAMI M, ABBASZADEH A, KHABURI D A, et al. Robustness improvement of predictive current control using prediction error correction for permanent magnet synchronous machines [J]. IEEE Transactions on Industrial Electronics, 2016, 63 (6): 3458-3466.

[29] MOHAMED A R I, EL-SAADANY E F. An improved deadbeat current control scheme with a novel adaptive self-tuning load model for a three-phase PWM voltage source inverter [J]. IEEE Transactions on Industrial Electronics, 2007, 54 (2): 747-759.

[30] ABBASZADEH A, MIREMADI M A, ARAB KHABURI D, et al. Permanent synchronous motor predictive deadbeat current control-robustness investigation [C]. The 6th Power Electronics, Drive Systems Technologies Conference (PEDSTC2015), 2015: 406-411.

[31] SAWMA J, KHATOUNIAN F, MONMASSON E, et al. Analysis of the impact of online identification on model predictive current control applied to permanent magnet synchronous motors [J]. IET Electric Power Applications, 2017, 11 (5): 864-873.

[32] LIU K, ZHANG Q, CHEN J, et al. Online multiparameter estimation of nonsalient pole PM synchronous machines with temperature variation tracking [J]. IEEE Transactions on Industrial Electronics, 2011, 58 (5): 1776-1788.

[33] CHEN W, YANG J, GUO L, et al. Disturbance-observer-based control and related methods—an overview [J]. IEEE Transactions on Industrial Electronics, 2016, 63 (2): 1083-1095.

[34] YANG J, CHEN W, LI S, et al. Disturbance/uncertainty estimation and attenuation techniques in PMSM drives—a survey [J]. IEEE Transactions on Industrial Electronics, 2017, 64 (4): 3273-3285.

[35] SIAMI M, KHABURI D A, RIVERA M, et al. An experimental evaluation of predictive current control and predictive torque control for a PMSM fed by a matrix converter [J]. IEEE Transactions on Industrial Electronics, 2017, 64 (11): 8459-8471.

[36] CHEEMA M A M, FLETCHER J E, XIAO D, et al. A direct thrust control scheme for linear permanent magnet synchronous motor based on online duty ratio control [J]. IEEE Transactions on Power Electronics, 2016, 31 (6): 4416-4428.

[37] CHEEMA M A M, FLETCHER J E, XIAO D, et al. A linear quadratic regulator-based optimal direct thrust force control of linear permanent-magnet synchronous motor [J]. IEEE Transactions on Industrial Electronics, 2016, 63 (5): 2722-2733.

[38] CHEEMA M A M, FLETCHER J E, FARSHADNIA M, et al. Combined speed and direct thrust force control of linear permanent-magnet synchronous motors with sensorless speed estimation using a sliding-mode control with integral action [J]. IEEE Transactions on Industrial Electronics, 2017, 64 (5): 3489-3501.

Chapter 6

第6章 永磁同步直线电机推力波动抑制技术

6.1 推力波动抑制技术研究概述

在精密直线运动系统中，由于电机直驱的工作模式，直线电机的推力波动会随着电磁推力一同加载到负载上，降低系统定位或轨迹跟踪运动的控制精度，甚至会带来一定的振荡现象，影响系统控制性能。

通过分析永磁同步直线电机推力波动的产生机理，其主要来源如下：端部和齿槽效应引起的定位力（或磁阻力）、磁场谐波带来的推力波动、电流偏置带来的推力波动和摩擦力扰动等[1-3]。在有铁心永磁同步直线电机中，由于初级铁心两端断裂，端部的气隙磁场发生畸变，产生纵向端部效应。此外，与旋转电机类似，有铁心永磁同步直线电机气隙磁场分布会在铁心开槽处发生变化，即所谓的齿槽效应。通常，这种由端部效应与齿槽效应带来磁路磁阻变化的推力波动，称之为定位力（或磁阻力），而且波动值随电机位置周期性变化，是直线电机推力波动的主要成分。由于电磁推力是反电动势和相电流的函数，而在气隙磁场空间分布非正弦时，会带来一定的反电动势和电流谐波成分，因此磁场谐波也是引起推力波动的主要因素。另外，从电机驱动控制系统角度，电流传感器在测量电流时会带来恒定偏差，在进行电流闭环控制后，电流偏置也会引起一定的推力波动，由于这种推力波动与传感器件自身特性相关，因此由硬件缺陷所引起的推力波动在电机驱动控制系统中很难避免。此外，线缆和接触式机械导轨等因素带来的非线性摩擦力均会引起推力波动，但通过气浮或磁浮等非接触式支撑方式可以避免这些推力波动。在以上的推力波动成分中，可以按照永磁同步直线电机的工作状态分为空载和负载两种状态下的推力波动[4]：空载状态下的推力波动可以看成电机在空载时输出的电磁推力，此时电机绕组中电流为零，波动主要成分以电机本体结构因素带来的磁阻力和磁场谐波引起的波动为主；负载状态下的推力波动除了电机本体结构带来的波动成分外，还与工作电流谐波和负载变化有关。

6.1.1 结构优化方法

基于上述的推力分析理论，相关学者采用直线电机结构优化的方法抑制推力波动。对于结构优化方法，通常可以归纳为两类：①通过调节直线电机中的关键结构尺寸；②是通过优化电机相关结构形状的方法。在文献［5，6］中，通过调节永磁体极距的方式减小推力波动，并对减小极距给直线电机其他指标带来的影响进行分析，从而设计出高推力质量比、低推力波动的高性能永磁同步直线电机；在文献［7，8］中，通过对双边永磁同步直线电机永磁体偏移长度的优化设计，最大限度地减小了推力波动；在文献［9-11］中，采用合理的初级长度设计方法，通过对端部两侧的扰动力进行协调，让两者相互抵消，从而减小永磁同步直线电机端部力扰动；在文献［12］中，通过调节气隙大小和齿槽的宽度，来减小齿槽力扰动。第②类方法最常用的是通过优化永磁体或齿槽的形状方法，如斜极、斜槽技术[13-17]被广泛应用到直线电机设计中，能够有效抑制高频推力波动；此外，分数槽结构[18-21]、优化端部齿形状[22]或槽型[23,24]、增加辅助极[25,26]等方法均能够有效地抑制永磁同步直线电机中的推力波动。

6.1.2 控制补偿方法

推力波动抑制最直接的方法是根据推力波动产生机制建立其各组成部分的数学模型，然后通过理论分析、有限元仿真、实验数据拟合或者在线辨识等方法得到其简化数学模型，再利用查表法或者在线计算的方式对其进行实时补偿。文献［27］将转矩波动分成只与位置有关和同时与电流、位置相关的两部分，提出一种两步法的永磁交流电机转矩波动离线辨识和直接补偿方法。文献［28］分析了直线电机推力波动的组成部分，并将文献［27］的方法扩展到直线电机推力波动辨识场合，其主要思想为在速度和电流双闭环控制下，给定低速（匀速）指令，并以速度控制器的输出来表征推力波动；然后通过谐波分析得到推力波动各组成部分的表达式；最后分别通过推力波动主要谐波在线计算和查找表法进行补偿。虽然该方法简单易实现，但是速度反馈控制器带宽有限导致推力波动估计不够精确，且大量的前期离线辨识实验和数据处理限制了其灵活性。文献［29］在位置和电流双闭环控制结构下，对位置控制器输出进行 FFT 分析；然后通过曲线拟合得到推力波动与位置和位置控制器输出的线性关系；最后通过在线计算和前馈方式进行推力波动补偿。文献［30］提出一种滞环继电控制方法用于辨识永磁直线电机的定位力，同时利用辨识所得模型对定位力进行在线前馈补偿，有效地提高了位置跟踪精度；但是该方法将定位力视为位置的单一频率正弦函数，忽略了定位力的高次谐波成分，降低了模型辨识精度。文献［31］在文献［32］提出的利用有限元仿真数据进行定位力前馈补偿和利用观测器补偿剩余推力波动相结合的方法基础上，进一步考虑了电机本体优化设计方法，有效地降低了推力波动，但是该方法的补偿效果依赖于电机制造和安装精度。文献［33］提出基于定位力有限元仿真数据和曲线拟合的在线补偿方法，并利用位置二阶微分（加速度）构造简单的在线观测器观测并补偿额外的推力波动；该方法显著缺点是实际电机由于加工制造和安装缺陷，其定位力与仿真数据会存在一定差异，这将导致定位力补偿不完全；此外，利用位置二阶微分计算加速度会引入大量噪声，进而影响电流和推力控制精度。以上方法中定位力或推力波动辨识均依赖于精确的推力波动模型，利用辨识结果对推力波动进行前馈补偿实际上是一种基于模型的控制方法，辨识或补偿效果依赖于模型的准确度和辨识算法的性能，对外界干扰较敏感，且实际系统中状态之间的相互耦合也限制了辨识准确度。因此，该方法难以实现推力波动的精确补偿，不适合于精密运动控制场合；但是，该方法可用于对推力波动的特征进行初步分析。

实际系统中推力波动建模不精确、辨识较困难以及模型参数时变等，会导致以上方法补偿效果受限。因此，很多学者提出从改进控制方法的角度来间接抑制推力波动和机械子系统参数变化等扰动的影响，主要的方法有自适应鲁棒控制[34]、滑模控制[35]、扰动观测器[36]、雅克比线性观测器[37]等。

6.2　动力学模型及推力波动测量

6.2.1　永磁同步直线电机动力学模型

永磁同步直线电机的电气子系统与旋转式永磁同步电机类似，通过在电枢绕组中通入三相交流电，与永磁体产生电磁力效应进而给动子带来动力。而与机械子系统相比，两者却有着很大的区别，直线电机相当于将旋转电机沿轴向展开，如图 6-1 所示。旋转电机的定子相当于直线电机的初级，转子相当于直线电机的次级。

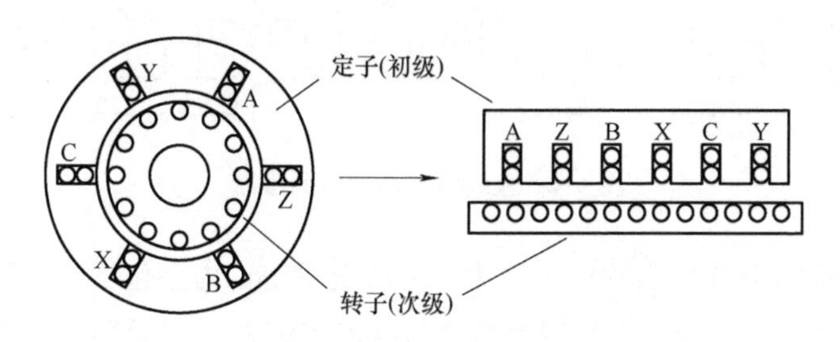

图 6-1　直线电机结构原理

不同于传统的旋转式电机，直线电机的动力学模型为直线运动模型，旋转电机动力学分析中的转矩 T 和转动惯量 J 应用于直线电机系统中需转换为推力 F 和动子质量 M。为定量分析，根据牛顿第二运动定律，建立如式（6-1）所示的直线电机动力学模型

$$(M+m)\ddot{x}(t)=F_{e}(t)-F_{r}(t)-F_{f}(x,\dot{x})-F_{load}(t)-F_{n}(t) \tag{6-1}$$

式中　M——动子质量；

m——负载质量；

$x(t)$——动子位置；

$F_{e}(t)$——电磁推力；

$F_{r}(t)$——推力波动；

$F_f(x,\dot{x})$——摩擦力；

$F_{load}(t)$——负载推力；

$F_n(t)$——其他扰动力。

式（6-1）所示的动力学模型是将各种因素全面考虑后的结果，对于气浮支撑结构，摩擦力可忽略不计，在空载条件下，为简化分析，将动力学模型简化为

$$M\ddot{x}(t)=F_e(t)-f_r(t)-F_n(t) \tag{6-2}$$

在直线电机运行过程中，电磁推力 $F_e(t)$ 提供动力来源，推力波动和其他扰动力起到阻碍作用，会对电机的平稳运行带来负面影响。为设计对扰动力的辨识与补偿方案，接下来对扰动力主要是推力波动进行建模分析。

6.2.2 推力波动分析

永磁同步直线电机由于特殊的定子开槽和端部开裂的结构，会引起齿槽力和端部力，统称为定位力，分布于电机的整个行程，是直线电机推力波动的主要组成部分。对齿槽力和端部力进行建模分析是后续设计推力波动补偿方法的重要步骤。

与旋转式永磁同步电机类似，直线电机的动子总是倾向于停止在使气隙磁阻达到最小的位置。随着电机的运行，动子会连续经过呈周期性分布的齿槽结构，作用结果便是受到周期性推力，这便是齿槽力（其原理见图 6-2）。

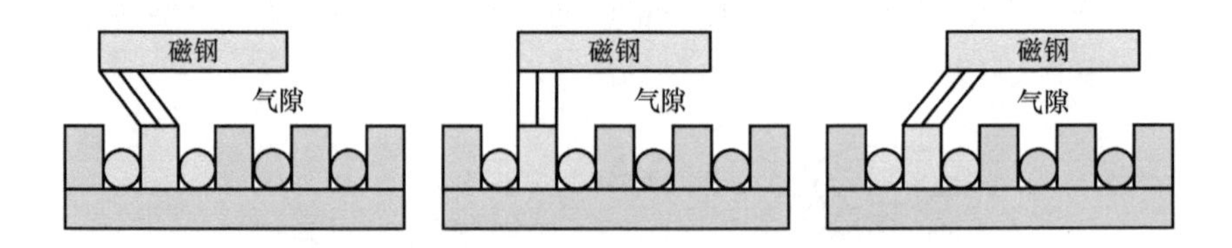

图 6-2　直线电机齿槽力原理图

除了由于定子铁心开槽所引起的齿槽力，直线电机定位力还包括由于端部开裂所形成的端部力，如图 6-3 所示。端部力是直线电机所特有的定位力，由于端部力的存在，使直线电机的定位力远大于同规格的旋转电机。接下来对端部力进行数学分析。

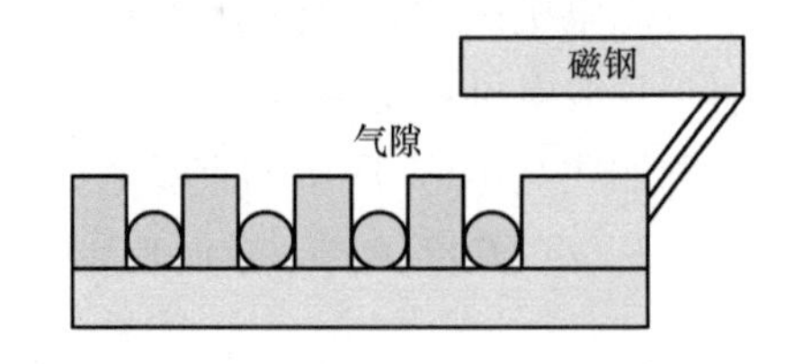

图 6-3　直线电机端部力原理图

根据作者实验室以往研究结果，如果定子铁心长度为整数极距，并且长度足够长，可近似认为两端部磁场互不影响，实际中，只要铁心长度大于 2～3 个极距就能满足这一条件。此时，端部力的合力可近似由左侧端部力 F_+和右侧端部力 F_-求和得到。图 6-4 和图 6-5 分

别描述了左右两边端产生的单边定位力 F_+和 F_-。

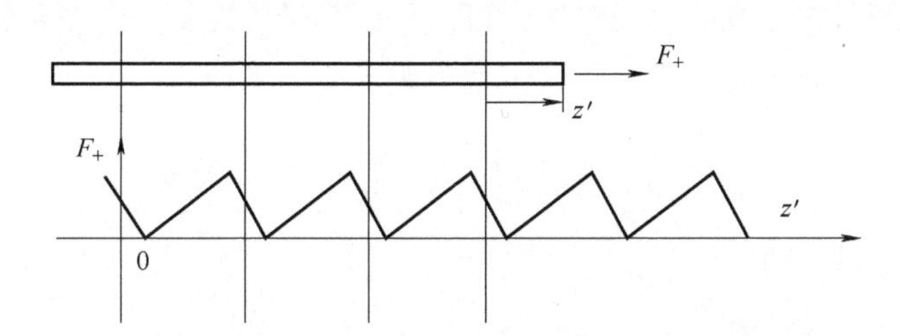

图 6-4　右边端产生的单边定位力 F_+

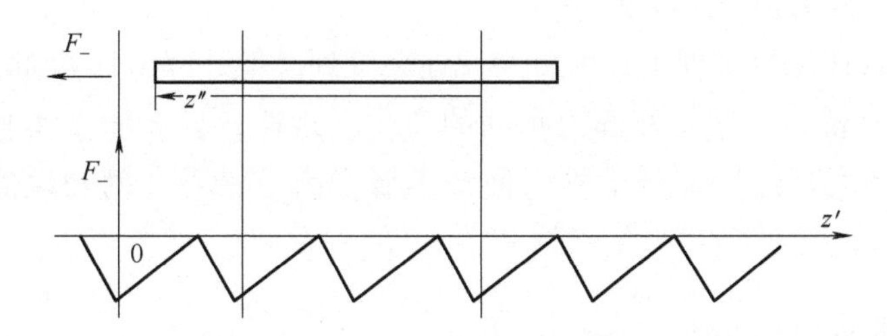

图 6-5　左边端产生的单边定位力 F_-

两侧端部力 F_+和 F_-的关系为

$$F_{-(z=z')}=F_{+(z=-z')} \tag{6-3}$$

式中　z'——定子永磁体的位置。

对于任意长度的动子铁心，单侧端部力 F_+和 F_-的关系可以通过产生一合适的相位移 Δ 求得，具体公式为

$$F_{-(z=z')}=-F_{+(z=-z'+\Delta)} \tag{6-4}$$

式中，$\Delta=L_s-k\tau$，k 为任一整数。

其中　L_s——任意有限长铁心的长度；

τ——极距。

将两侧端部力写成傅里叶函数形式为

$$F_+=F_0+\sum_{n=1}^{\infty}F_{sn}\sin\left(\frac{2n\pi}{\tau}z\right)+\sum_{n=1}^{\infty}F_{cn}\cos\left(\frac{2n\pi}{\tau}z\right) \tag{6-5}$$

$$F_-=-F_0+\sum_{n=1}^{\infty}F_{sn}\sin\left[\frac{2n\pi}{\tau}(z+\Delta)\right]-\sum_{n=1}^{\infty}F_{cn}\cos\left[\frac{2n\pi}{\tau}(z+\Delta)\right] \tag{6-6}$$

根据式（6-5）和式（6-6），可以将端部力合写为

$$F=F_++F_-=\sum_{n=1}^{\infty}F_n\sin\left[\frac{2n\pi}{\tau}\left(z+\frac{\tau}{2}\right)\right] \tag{6-7}$$

式中，F_n 可以表示为

$$F_n=2\left[F_{sn}\cos\left(\frac{n\pi}{\tau}\Delta\right)+F_{cn}\sin\left(\frac{n\pi}{\tau}\Delta\right)\right] \tag{6-8}$$

可以看出，端部力的合力仍表示为位置 x 的周期函数，仅与动子所在的位置有关。

根据上述分析，定位力是组成直线电机推力波动的最主要成分，定位力包括齿槽力和端部力，对于一台已经制作完成的直线电机，可以用以动子位置 x 为自变量的正弦函数组合的形式来表示定位力。因此为简化模型，将定位力表示为如下形式：

$$F_r(x)=\sum_{i=1}^{n}F_{r(i)}(x)=A_0+\sum_{i=1}^{n}A_i\sin(\omega_i x+\theta_i) \tag{6-9}$$

式中 A_0——直流分量幅值；

A_i——各频次分量幅值；

ω_i——各频次分量角速度；

θ_i——各频次分量初始角度。

此外，直线电机在运行过程中，不可避免地会受到其他外部力扰动如线缆力、平台存在倾斜所带来的重力分量等，这些外部力扰动的变化无规律，且会随着实验设定的不同而变化。为简化分析，本书后续所提及的推力波动主要指由于铁心开槽和端部开裂所引起的定位力。

6.2.3 推力波动采集与辨识

永磁同步直线电机由于特殊的定子开槽和端部开裂的结构，会引起齿槽力和端部力，统称为定位力，分布于电机的整个行程，是直线电机推力波动的主要组成部分。对齿槽力和端部力进行建模分析是后续设计推力波动补偿方法的重要步骤。

在完成了对直线电机的推力波动主要是定位力的数学建模后，需要获取推力波动数据，并对其进行辨识，为推力波动的补偿做好准备。传统的外加机械式力传感器的推力波动数据采集方案增加了系统复杂性，数据处理难度增加，需要设计电流采集法对推力波动进行数据采集。

当直线电机设定为一恒定的低速运行时，匀速段的 q 轴电流包含了实际推力波动的信息，推力波动数据采集可由简便的电流数据采集替代，如图 6-6 所示。需要解决的一个问题是，推力波动是电机位置 x 而不是时间 t 的函数，但如果电机运行在一个恒定的速度下，理论上 x 与 t 之间将呈现一个简单的比例关系。设定电机运行于一个恒定的低速状态如 0.01m/s，如果这一速度可以持续足够长的距离，那么电机位置 x 与时间 t 会近似呈现一个简单的比例关系。

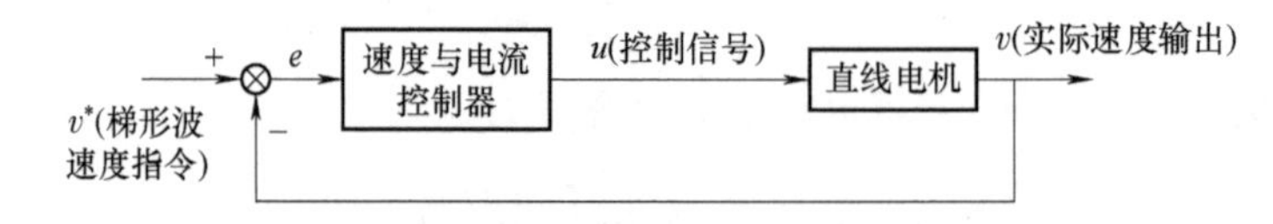

图 6-6 直线电机推力波动测量系统示意图

根据这一思路，可以在速度与电流双闭环的矢量控制模式下进行电流数据采集实验，将速度设定为一恒定的低速，匀速段时间设定为足够长，对匀速段的 q 轴电流进行采集，结合电机推力系数 K_f 就可以得到推力波动的近似数据。

当完成了对推力波动的数据采集后，需要对数据进行辨识，保留有用信号，去除高频噪声。由分析可知，推力波动可以写成不同频率和幅值的正弦函数相加的形式，满足傅里叶分析的条件，然而其对频率的估计较为准确，对各频次分量的幅值估计往往存在较大的误差。为解决这一问题，在傅里叶分析的基础上采用模型确定的一次最小二乘法对推力波动数据的幅值进行估计，得到更为准确的推力波动数学模型。

最小二乘（Least Square，LS）法是常见的一种模型辨识方法，其基本原理是选取模型的状态变量和观测变量，计算观测变量与对应的变量实际值之间误差的平方和，通过调节参数使平方和最小，此时的模型参数可以视为是对系统实际参数的最优估计。最小二乘法对于离线辨识和在线辨识均适用，在线辨识通常使用不用存储过去时刻辨识结果的递推最小二乘（Recursive Least Square，RLS）法，离线辨识时由于数据均为已知量，通常使用一次最小二乘法。本书将推力波动数据采集和辨识分开进行，对已采集完成的推力波动数据进行辨识，因此采用一次最小二乘法。

首先对一次最小二乘法进行算法建立，在实际应用中，计算机所处理的信号都是按固定时间间隔采样后的离散化信号，因此在应用最小二乘法前需要对其进行离散化处理，即利用状态方程的形式来描述。一个典型的单变量线性非时变离散系统如图 6-7 所示。

图 6-7 中，$\boldsymbol{u}(kT_s)$ 为系统输入的采样值；$\boldsymbol{y}(kT_s)$ 为系统输出的采样值；T_s 为系统采样的时间间隔。

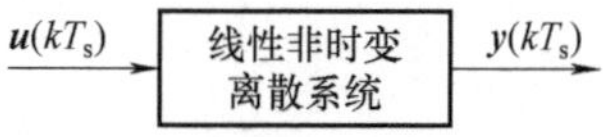

$\boldsymbol{u}(kT_s)$ → [线性非时变离散系统] → $y(kT_s)$

图 6-7　单变量线性非时变离散系统

该系统可以用如下差分方程来进行描述

$$\begin{aligned} & y(k)+a_1y(k-1)+\cdots+a_ny(k-n) \\ & =b_0u(k)+b_1u(k-1)+\cdots+b_nu(k-n) \end{aligned} \tag{6-10}$$

式中的 $y(k)$、$u(k)$ 是 $y(kT_s)$、$u(kT_s)$ 的简化写法。这样就可以得到系统的输入输出序列，结合移位算子，可以将式（6-10）表示为如下矩阵计算形式：

$$A(z^{-1})\boldsymbol{y}(k)=B(z^{-1})\boldsymbol{u}(k) \tag{6-11}$$

式中

$$A(z^{-1})=1+\sum_{i=1}^{n}a_iz^{-1},B(z^{-1})=\sum_{i=0}^{n}b_iz^{-1} \tag{6-12}$$

将离散化的参数估计误差定义为

$$\boldsymbol{e}(k)=A(z^{-1})\boldsymbol{y}(k)-B(z^{-1})\boldsymbol{u}(k) \tag{6-13}$$

$\boldsymbol{e}(k)$ 的计算原理如图 6-8 所示。

完成了以上对系统输入输出序列的建立后，对参数矩阵 $\boldsymbol{\theta}$ 的估计等价为对参数 a_i，b_i 的估计。判断估计性能的准则是能否使系统在最小方差意义上实现与观测的输入输出相拟合，即按照误差 $\boldsymbol{e}(k)$ 的最小二乘估计，离散化表示为

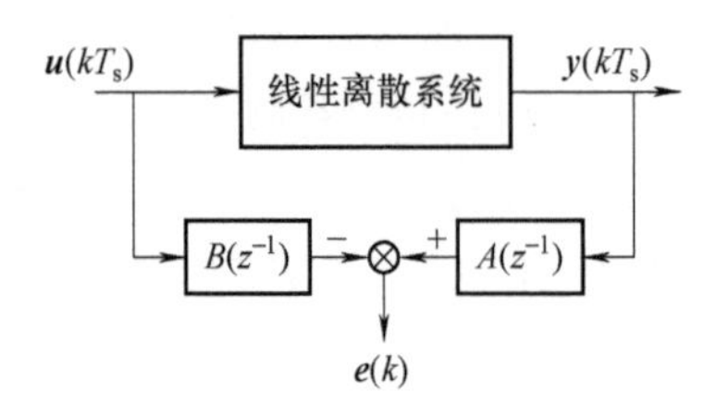

图 6-8　参数估计误差 $e(k)$ 的计算原理

$$J=\sum_{k=n+1}^{N+n}\boldsymbol{e}^2(k)=\boldsymbol{e}^{\mathrm{T}}\boldsymbol{e} \tag{6-14}$$

可以将式（6-10）改写为

$$y(k)=\sum_{i=1}^{n}a_i y(k-i)+\sum_{i=0}^{n}b_i u(k-i)+e(k) \tag{6-15}$$

与连续时间形式的状态方程类似，引入离散向量和矩阵如下：

$$\boldsymbol{Y}=[\,y(n+1)\quad y(n+2)\quad \cdots\quad y(n+N)\,]^{\mathrm{T}}$$

$$\boldsymbol{e}=[\,e(n+1)\quad e(n+2)\quad \cdots\quad e(n+N)\,]^{\mathrm{T}}$$

$$\boldsymbol{\theta}=[\,a_1\quad a_2\quad \cdots\quad a_n\quad b_0\quad b_1\quad \cdots\quad b_n\,]^{\mathrm{T}}$$

$$\boldsymbol{\Phi}=\begin{bmatrix}-y(n) & -y(n) & \cdots & -y(n) & u(n+1) & u(n+1) & \cdots & u(n+1)\\ -y(n) & -y(n) & \cdots & -y(n) & u(n+1) & u(n+1) & \cdots & u(n+1)\\ \vdots & \vdots & & \vdots & \vdots & \vdots & & \vdots\\ -y(n) & -y(n) & \cdots & -y(n) & u(n+1) & u(n+1) & \cdots & u(n+1)\end{bmatrix}$$

因此可将量测方程（6-15）离散化表示为

$$\boldsymbol{Y}=\boldsymbol{\Phi}\boldsymbol{\theta}+\boldsymbol{e} \tag{6-16}$$

若系统的输入输出信号均为已知，则可以用最小二乘法来对参数向量 $\boldsymbol{\theta}$ 进行估计。方法为对目标函数求偏导，令其等于0。假设 $\boldsymbol{\Phi}^{\mathrm{T}}\boldsymbol{\theta}$ 为非奇异，则 $\boldsymbol{\Phi}^{\mathrm{T}}\boldsymbol{\theta}$ 为正定，即最小二乘法求导后只有一个极小值，则就是最小值。将 $J=\boldsymbol{e}^{\mathrm{T}}\boldsymbol{e}$ 配为完全平方形式，可以得到如下参数估计公式：

$$\hat{\boldsymbol{\theta}}=(\boldsymbol{\Phi}^{\mathrm{T}}\boldsymbol{\Phi})^{-1}\boldsymbol{\Phi}^{\mathrm{T}}\boldsymbol{Y} \tag{6-17}$$

式中的变量均为向量或矩阵，式（6-17）即为一次最小二乘法估计公式。

根据上述理论分析，利用 Simulink 对推力波动数据采集法和离线辨识法进行仿真分析。平台采用气浮支撑结构，摩擦力可忽略不计。实验所用电机系统设定为 $i_{\mathrm{d}}=0$ 的速度与电流双闭环矢量控制，输出电磁推力与 q 轴电流具有恒定比例关系，比例系数设定为

$$K_{\mathrm{f}}=\frac{3\pi}{2\tau}\psi \tag{6-18}$$

式中　τ——极距；

　　ψ——磁链。

可以看出，对于一台已经制作完成的电机，K_{f} 为一固定值。仿真所用永磁同步直线电

机参数见表 6-1。

表 6-1　仿真用永磁同步直线电机主要参数

参　数	数　值
初级电阻/Ω	4.5
初级电感/mH	23
动子质量/kg	45
推力系数/(N/A)	94.2
磁链/Wb	0.24
极距/mm	12
极对数	1
母线电压/V	310

仿真设定速度指令为梯形波，稳态速度为 0.01m/s，加速时间为 0.05s，持续时间为 20s，动子移动的距离为 0.2m，根据作者实验室以往研究结果，将定位力设定为

$$F_r(x)=1.34+2.29\sin\left(\frac{\pi}{\tau}x\right)+6.27\sin\left(2\times\frac{\pi}{\tau}x\right)+1.01\sin\left(4\times\frac{\pi}{\tau}x\right) \tag{6-19}$$

得到的 q 轴电流波形如图 6-9 所示，该图省略了加速段，仅保留了匀速段的数据。结合极距 $\tau=0.012\text{m}$，理论上图中应该有 $0.2/0.012\approx16.6$ 个推力波动峰值，通过观察可以看出，与理论分析相符，验证了匀速段的 q 轴电流可以反映出推力波动的特性。

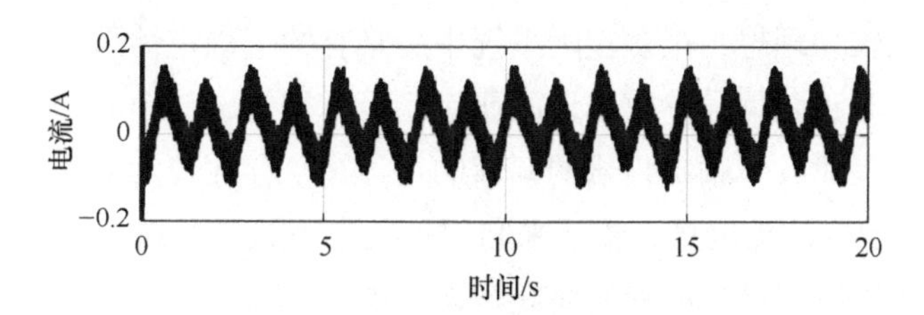

图 6-9　q 轴电流

利用上述得到的 q 轴电流数据，采用时间域下的控制信号作为傅里叶分析对象，进而得出推力波动的参数辨识结果。与仿真所用直线电机等效的旋转电机的角速度为

$$\omega=\frac{v}{\tau}\pi \tag{6-20}$$

基频为

$$f_0=\frac{\omega}{2\pi} \tag{6-21}$$

求得基频 f_0 后，考虑到 0~0.005s 这一阶段电机处于加速状态，仅对 0.005s 之后即匀速状态下的 q 轴电流进行快速傅里叶分析为

$$i_q=f_k=\sum_{n=0}^{N-1}F_n\mathrm{e}^{\mathrm{j}2\pi(nk)/N} \tag{6-22}$$

$$F_n = \frac{1}{N}\sum_{k=0}^{N-1} f_k e^{-j2\pi(nk)/N} \tag{6-23}$$

式中　N——i_q 的信号长度。

q 轴电流经过傅里叶分析后的频谱分布如图 6-10 所示，其中基频分量幅值为 0. 02439A。可以看出，q 轴电流具有 4 个明显的低频高幅值分量。除基频分量外，另外 3 个低频高幅分量相比于基频的幅值百分比分别为 59. 75%、272. 24%和 44. 21%。结合推力系数 K_f，易得 4 个低频高幅分量的幅值分别约为 1. 3735、2. 2987、6. 2580 和 1. 0163，基本与设定值对应。仿真结果表明对匀速运行段的 q 轴电流进行傅里叶分析得到电流各频次分量，再结合电机推力系数可以得到定位力的近似表达式。

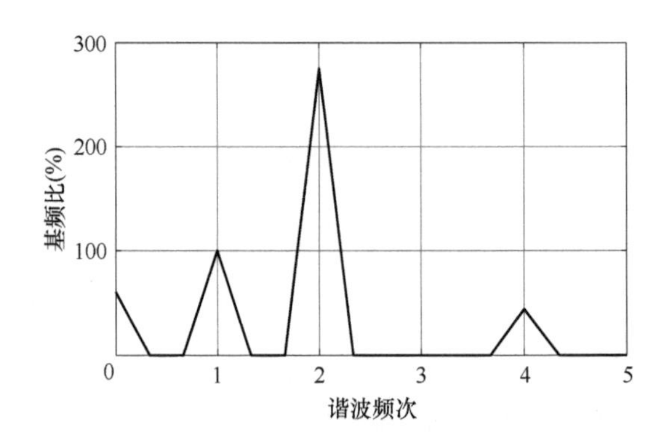

图 6-10　匀速段 q 轴电流傅里叶分析结果

仿真的结果往往较为理想，很多实际系统中所具有的不确定性因素是仿真中所难以体现的，关于傅里叶分析对正弦信号参数辨识的研究已经有很多，一个显著问题是其对信号频率的估计较为准确，但是对具体频次信号的幅值的估计往往存在较大的误差。为了更好地还原 q 轴电流中所包含的推力波动信息，接下来利用一次最小二乘法结合推力波动模型设定，对 i_q 的曲线进行拟合，以得到更为准确的离线辨识结果。

将推力波动模型设定为

$$F_r(x) = A_0 + \sum_{n=1}^{4} A_n \cos\left(\frac{n\pi}{\tau}x + \varphi_n\right) \qquad n = 1,2,3,4 \tag{6-24}$$

式中　A_n——F_r 各频次分量的幅值；

φ_n——F_r 各频次分量的相位。

根据一次最小二乘法计算公式，在 Matlab 中对图 6-9 所示的匀速段 q 轴电流曲线进行了一次最小二乘拟合。由于推力系数恒定，而我们所需要的是推力波动的信息，因此将 q 轴电流计算为等效的推力波动，得到如图 6-11 所示的计算结果。可以看出，以式（6-9）所示推力波动模型为基础的一次最小二乘法能够对与 q 轴电流等效的推力波动起到很好的拟合效果，相位和幅值均能对应。

图 6-12 所示为拟合结果的各频次分量的波形，可以看出，从直流分量到基波再到 4 次谐波的幅值分别为约 1. 39N、2. 27N、6. 25N、0. 03N 和 1. 03N，与仿真的设定基本一致。从

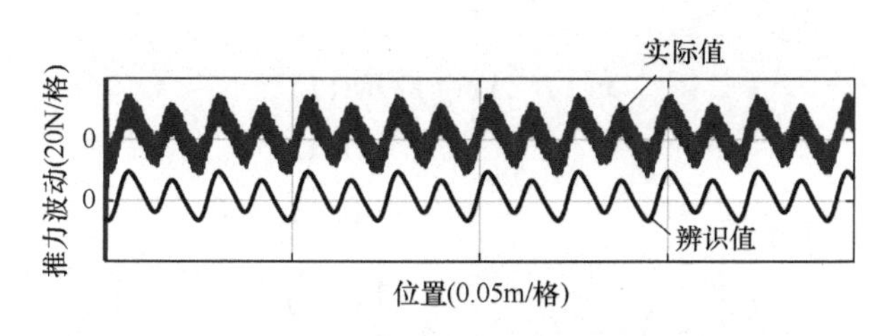

图 6-11　q 轴电流一次最小二乘拟合结果

图 6-12 的各子图还可以看出，各频次推力波动分量均存在相位滞后，这是由于拟合所用的 q 轴电流数据起点是匀速段的开始而不是直线电机的起动时刻，因此波形存在相位滞后，这并不影响一次最小二乘法对推力波动离线辨识的有效性。

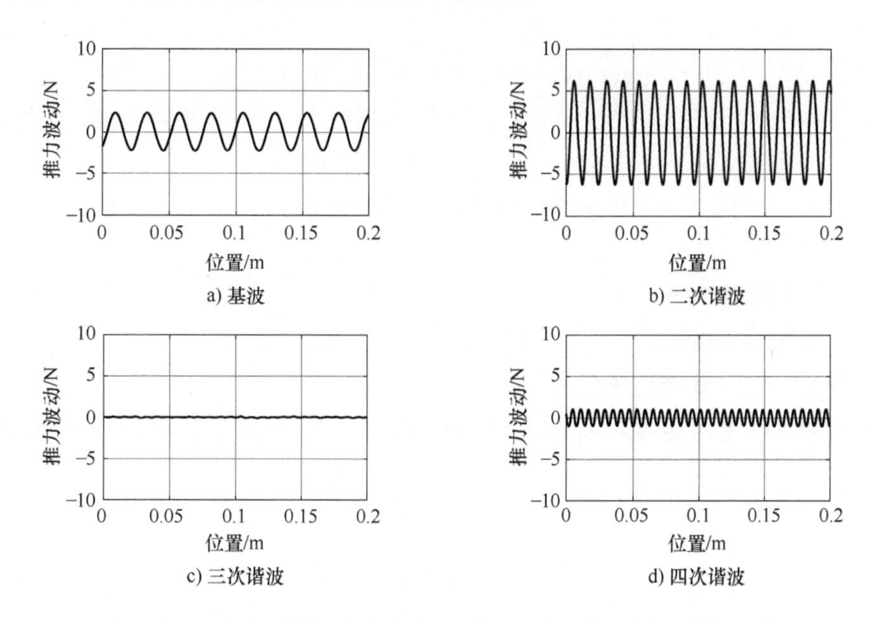

图 6-12　q 轴电流等效推力波动一次最小二乘拟合后的各频次分量

6.3　基于龙伯格观测器的推力波动补偿方法

6.3.1　运动系统状态空间表达式建立

为了在直线电机运行过程中对推力波动进行在线观测，首先需要建立其状态空间表达式，随后据此设计推力波动观测器。

根据直线电机运动学模型，选取电机动子位置 x、速度 v、推力波动 F_r 和推力波动变化率 J_r 作为状态变量，系统输入为电磁推力 F_e，可用 q 轴电流 i_q 等效表示。相比于速度、位置和推力波动，推力波动变化率的变化较为缓慢，在此将其视为缓变量，即 $\dot{J}_r(t)=0$。

根据上述系统状态变量和输入变量的设定，可将直线电机状态空间表达式写作如下形式：

$$\dot{\boldsymbol{x}}(t)=\boldsymbol{A}\boldsymbol{x}(t)+\boldsymbol{B}\boldsymbol{u}(t) \tag{6-25}$$

式中

$$\boldsymbol{x}(t)=\begin{bmatrix} x(t) \\ v(t) \\ F_r(t) \\ J_r(t) \end{bmatrix},\boldsymbol{u}(t)=[i_q(t)],\boldsymbol{A}=\begin{bmatrix} 0 & 1 & 0 & 0 \\ 0 & 0 & -\dfrac{1}{M} & 0 \\ 0 & 0 & 0 & 1 \\ 0 & 0 & 0 & 0 \end{bmatrix},\boldsymbol{B}=\begin{bmatrix} 0 \\ \dfrac{K_f}{M} \\ 0 \\ 0 \end{bmatrix}$$

完成了系统状态方程的建立后，选取速度 $v(t)$ 作为测量变量，可以将测量方程写为

$$\boldsymbol{y}(t)=\boldsymbol{C}\boldsymbol{x}(t) \tag{6-26}$$

式中

$$\boldsymbol{y}(t)=[v(t)],\boldsymbol{C}=[0\quad 1\quad 0\quad 0]$$

为了将直线电机状态空间表达式应用于数字化的控制系统，需要对电机系统数学模型进行离散化处理，将式（6-25）和式（6-26）离散化为如下形式

$$\boldsymbol{x}(k+1)=\boldsymbol{A}'\boldsymbol{x}(k)+\boldsymbol{B}'\boldsymbol{u}(k) \tag{6-27}$$

$$\boldsymbol{y}(k)=\boldsymbol{C}'\boldsymbol{x}(k) \tag{6-28}$$

式中 $\boldsymbol{A}'$——系统转移矩阵；

$\boldsymbol{B}'$——系统输入矩阵；

测量矩阵 $\boldsymbol{C}'$ 与式（6-26）中的 $\boldsymbol{C}$ 一样。

根据现代控制理论的连续时间状态空间表达式的离散化方法，可以将 $\boldsymbol{A}'$ 和 $\boldsymbol{B}'$ 近似表示为

$$\boldsymbol{A}'=\mathrm{e}^{AT_s} \tag{6-29}$$

$$\boldsymbol{B}'\approx\int_0^{T_s}\mathrm{e}^{AT_s}\mathrm{d}t\cdot\boldsymbol{B} \tag{6-30}$$

式中 T_s——系统采样时间。

根据离散化状态方程即式（6-27）和式（6-28），结合式（6-29）和式（6-30），为了使系统模型具有较高的可信度，忽略掉采样时间 T_s 的 4 次及以上的分量，可求得 $\boldsymbol{A}'$、$\boldsymbol{B}'$ 和 $\boldsymbol{C}'$ 分别为

$$\boldsymbol{A}'=\begin{bmatrix} 1 & T_s & -\dfrac{T_s^2}{2M} & -\dfrac{T_s^3}{6M} \\ 0 & 1 & -\dfrac{T_s}{M} & -\dfrac{T_s^2}{2M} \\ 0 & 0 & 1 & T_s \\ 0 & 0 & 0 & 1 \end{bmatrix},\boldsymbol{B}'=\begin{bmatrix} \dfrac{T_s^2K_f}{2M} \\ \dfrac{T_sK_f}{M} \\ 0 \\ 0 \end{bmatrix},\boldsymbol{C}'=[0\quad 1\quad 0\quad 0]$$

6.3.2 龙伯格观测器设计

基于直线电机的运动学状态方程的建立，设计对应的状态观测器。为凸显变增益观测器

的优良性能和算法设计基础，将基于状态方程建立恒定增益的推力波动观测器，并对其存在的问题进行分析。

状态观测器的基本原理是利用系统中较为容易测量的变量作为观测器输入，结合系统数学模型，对待观测的系统变量进行在线计算。对于直线电机系统，选取电机动子速度 v 和 q 轴电流作为输入变量，推力波动作为待观测量。

以式（6-27）和式（6-28）所示的直线电机状态方程为模型基础，以测量变量对预测量进行校正的形式作为观测器设计思路，该观测器称为龙伯格观测器。可以将观测器数学模型写作如下形式：

$$\begin{bmatrix} \hat{v}(k+1) \\ \hat{x}(k+1) \\ \hat{F}_r(k+1) \\ \hat{J}_r(k+1) \end{bmatrix} = \begin{bmatrix} 1 & T_s & -\dfrac{T_s^2}{2M} & -\dfrac{T_s^3}{6M} \\ 0 & 1 & -\dfrac{T_s}{M} & -\dfrac{T_s^2}{2M} \\ 0 & 0 & 1 & -\dfrac{T_s}{M} \\ 0 & 0 & 0 & 1 \end{bmatrix} \begin{bmatrix} \hat{v}(k) \\ \hat{x}(k) \\ \hat{F}_r(k) \\ \hat{J}_r(k) \end{bmatrix} + \begin{bmatrix} \dfrac{T_s^2 K_f}{2M} \\ \dfrac{T_s K_f}{M} \\ 0 \\ 0 \end{bmatrix} i_q(k) + \begin{bmatrix} l_1 \\ l_2 \\ l_3 \\ l_4 \end{bmatrix} [v(k) - \hat{v}(k)] \tag{6-31}$$

可见，观测器性能的关键在于校正参数 $l_i(i=1,2,3,4)$ 的选取。当 l_i 选取较大时，观测器输出更依赖于校正变量；反之则依赖于系统数学模型，两者处于一个动态平衡的过程。

6.3.3 仿真分析

根据以上建立的直线电机系统建模、龙伯格观测器，在 Simulink 中进行了仿真分析，探究所设计方案的可行性。仿真所用直线电机的主要参数选取与表 6-1 相同，模式设定为速度-电流双闭环矢量控制，速度指令为梯形波，稳态速度为 0.1m/s，加速时间为 0.05s。所得到的电机速度波形分别如图 6-13 所示，可以看出，匀速段存在明显的速度波动，波动幅值约为 0.1mm/s。0.8s 时间范围内理论上位移为 0.08m，结合仿真所用极距 $\tau=12\text{mm}$，理论上图示应该有 0.08/0.012≈6.6 个速度波峰，通过观察可以看出，与理论分析相符，证明了推力波动的存在引起了电机速度波动，进而会影响直线电机的运行精度。补偿前的 q 轴电流波形如图 6-14 所示，电流指令 i_q^* 与反馈 i_q 均存在与推力波动对应的波动。

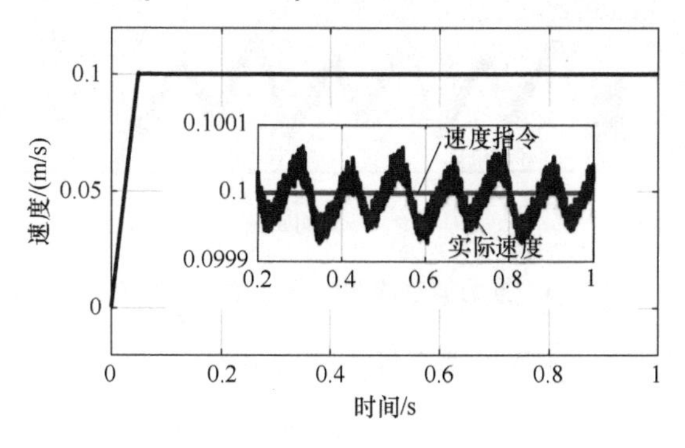

图 6-13　补偿前的速度波形

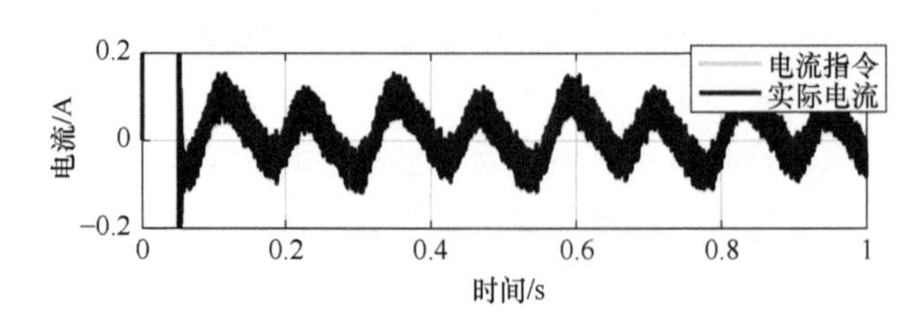

图 6-14　补偿前的 q 轴电流波形

由上述分析可知，速度波动的起因是推力波动的存在，定位力是推力波动的主要成分，而对于一台已经制作完成的直线电机，定位力为一固定值，当电机运行到任一位置 x，将受到一个固定的推力波动 $F_r(x)$。在电机运行到位置 x 时，采用将定位力等效的电流前馈到速度环控制器输出即电流指令 i_q^* 中，相当于额外施加一个与定位力等大反向的电磁推力，理论上可以抵消推力波动给系统带来的影响，这便是电流补偿法。原理图如图 6-15 所示。

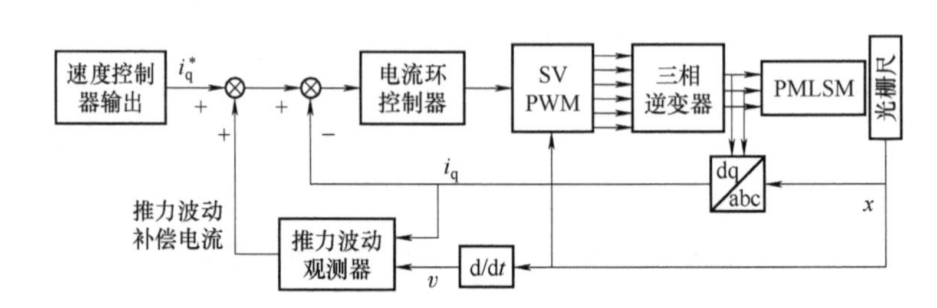

图 6-15　推力波动在线观测和补偿的原理图

根据前面部分设计的状态观测器，利用观测到的推力波动结合推力系数 K_f 得到补偿电流，通过对比分析补偿电流注入前后的速度波动情况来衡量所设计的状态观测器的推力波动观测与补偿性能。

根据龙伯格观测器状态方程，在 Simulink 中进行了仿真分析。龙伯格观测器对直线电机推力波动的观测结果如图 6-16 所示，可以看出，观测值大体趋势能够跟踪上实际值，观测误差如图 6-17 所示，观测结果存在明显的高频噪声。这是由于观测器增益为预先设定值，并不能随着系统的运行而实时调整。

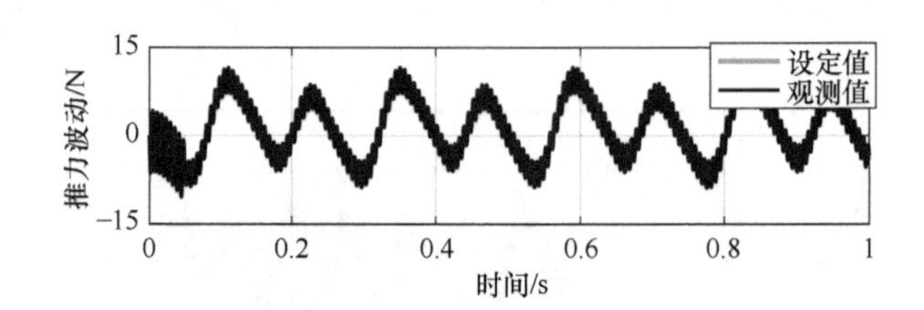

图 6-16　推力波动观测结果（龙伯格观测器）

将图 6-16 所示的推力波动观测值结合推力系数换算为等效电流后前馈到电流环指令中，得到的速度波形如图 6-18 所示。可以看出，经过电流补偿，稳态速度波动得到了明显的抑制，对直线电机系统运行精度具有提高作用，但是速度的高频振动明显，来源于推力波动观测值的高频噪声。补偿后的 q 轴电流波形如图 6-19 所示，相比补偿前，电流指令 i_q^* 没有了波动现象，进一步验证了电流补偿法对直线电机运行性能的提高。

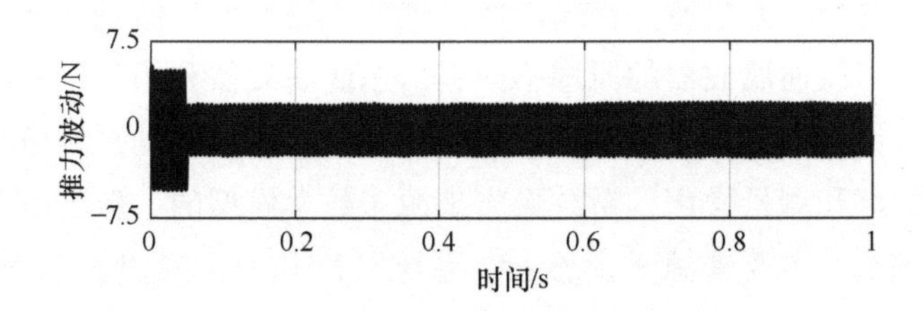

图 6-17　推力波动观测误差（龙伯格观测器）

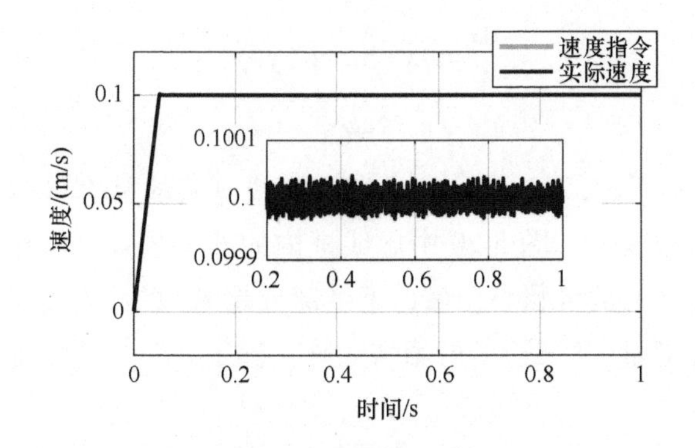

图 6-18　补偿前后的速度波形

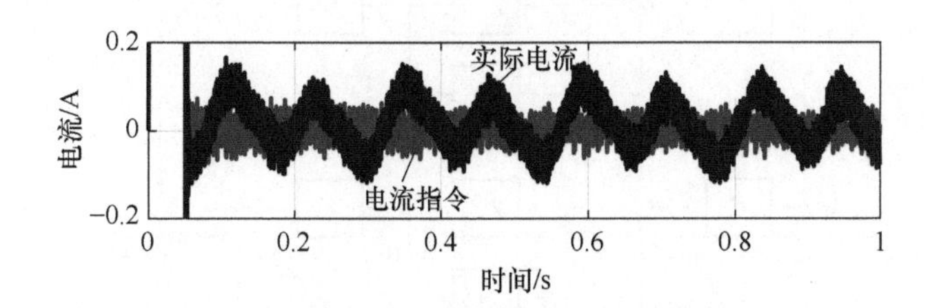

图 6-19　补偿后的 q 轴电流波形

6.4　基于卡尔曼滤波器的推力波动补偿方法

直线电机系统运行在一个复杂多变的环境下，定位力和外加线缆力也时刻处于变动之中，恒定增益的龙伯格观测器往往效果很有限，寻求校正增益能随着系统运行而自行计算得到的变增益推力波动观测器很有必要。

6.4.1　卡尔曼滤波器算法

根据建立的直线电机系统数学模型，待观测的系统状态变量包括电机位置 x，电机速度 v，推力波动 F_r 和推力波动变化率 J_r，首先介绍利用传统卡尔曼滤波器对其进行观测的算法设计过程。

卡尔曼滤波（Kalman Filtering，KF）是一种最小方差意义上的最优线性估计算法，突出特点是具有对噪声的不敏感性，在系统存在随机干扰和测量噪声时，仍可以对系统状态变量进行精确估计。常见的降噪方法便是在输出侧外加低通滤波器，但是会造成信号延时，降低了系统的动态性能。与低通滤波器的原理不同，卡尔曼滤波器利用到了系统数学模型，相当于利用了更多的系统信息，但会使计算量显著增加。直线电机运动系统所具有的噪声根据其来源可以分为系统噪声和测量噪声，系统噪声来源于数学模型的参数不准确性，测量噪声来源于对状态变量的测量，主要来源于传感器。系统噪声和测量噪声分别由噪声矢量 $\boldsymbol{W}$ 和 $\boldsymbol{V}$ 来表示。

KF 应用于直线电机状态估计中的形式可表示为

$$\frac{\mathrm{d}\hat{\boldsymbol{x}}}{\mathrm{d}t}=\boldsymbol{A}\hat{\boldsymbol{x}}+\boldsymbol{B}\boldsymbol{u}+\boldsymbol{K}(\boldsymbol{y}-\hat{\boldsymbol{y}}) \tag{6-32}$$

$$\hat{\boldsymbol{y}}=\boldsymbol{C}\hat{\boldsymbol{x}} \tag{6-33}$$

KF 的原理如图 6-20 所示，KF 的目的是利用直线电机的易直接测量的状态变量来计算得到难以直接测量的状态变量。图 6-20 中虚线框内的部分是直线电机的实际状态，通常将电机位置或速度与电流作为测量状态变量，下半部分是 KF 的状态变量估计部分，符号“^”代表此变量为状态估计变量，$\boldsymbol{K}$ 是 KF 的增益矩阵，称之为卡尔曼增益。

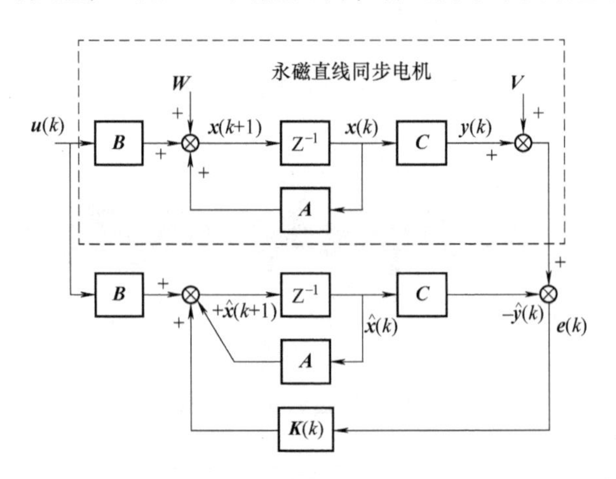

图 6-20　卡尔曼滤波算法原理

从 KF 的计算过程可以看出，核心在于通过卡尔曼增益矩阵 $\boldsymbol{K}$ 的作用，使状态变量的估计误差趋近于最小值。$\boldsymbol{K}$ 是基于均方误差最小原理而确定的，因此在 $\boldsymbol{K}$ 的校正作用下，在每一轮的 KF 计算中都有可能得到最优化的状态估计。

离散化状态方程式（6-27）和式（6-28）为准确建模得到的方程，然而实际系统中，系统模型必然存在不确定性和时变性，同时，电机速度和电流的测量必然也会存在测量噪声，对连续时间模型进行离散化处理的过程中必然也会存在量化误差，以上这些系统不确定性因素可以统一用系统噪声矩阵 $\boldsymbol{W}$ 和测量噪声矩阵 $\boldsymbol{V}$ 来表示。因此，将式（6-27）和式（6-28）改写为

$$\boldsymbol{x}(k+1)=\boldsymbol{A}'\boldsymbol{x}(k)+\boldsymbol{B}'\boldsymbol{u}(k)+\boldsymbol{W}(k) \tag{6-34}$$

$$y(k)=C'x(k)+V(k) \tag{6-35}$$

式中　$W(k)$ ——系统噪声；

$V(k)$——测量噪声。

结合建立的 PMSLM 数学模型，可以将 $W(k)$ 和 $V(k)$ 表示为

$$W(k)=\begin{bmatrix} w_x(k) \\ w_v(k) \\ w_F(k) \\ w_J(k) \end{bmatrix}, V(k)=[v_v(k)]$$

式中　w_x、w_v、w_F、w_J——分别代表 x、v、F_r、J_r 的差分方程的系统噪声，通常将这 4 个噪声视为相互独立的，即互相的协方差为 0；

v_v——测量信号 v 的测量噪声。

在 KF 的计算过程中，不直接利用噪声矩阵进行计算，而是利用 W 和 V 矩阵的协方差矩阵 Q 和 R，定义如下：

$$\begin{aligned}
\mathrm{cov}(W)&=E\{WW^{\mathrm{T}}\}=Q \\
&=\begin{bmatrix} \mathrm{cov}(w_x,w_x) & \mathrm{cov}(w_x,w_v) & \mathrm{cov}(w_x,w_F) & \mathrm{cov}(w_x,w_J) \\ \mathrm{cov}(w_v,w_x) & \mathrm{cov}(w_v,w_v) & \mathrm{cov}(w_v,w_F) & \mathrm{cov}(w_v,w_J) \\ \mathrm{cov}(w_F,w_x) & \mathrm{cov}(w_F,w_v) & \mathrm{cov}(w_F,w_F) & \mathrm{cov}(w_F,w_J) \\ \mathrm{cov}(w_J,w_x) & \mathrm{cov}(w_J,w_v) & \mathrm{cov}(w_J,w_F) & \mathrm{cov}(w_J,w_J) \end{bmatrix} \\
&=\begin{bmatrix} D(v_x) & 0 & 0 & 0 \\ 0 & D(v_v) & 0 & 0 \\ 0 & 0 & D(v_F) & 0 \\ 0 & 0 & 0 & D(v_J) \end{bmatrix} \\
&=\mathrm{diag}[Q_1 \quad Q_2 \quad Q_3 \quad Q_4]
\end{aligned} \tag{6-36}$$

$$\mathrm{cov}(V)=E\{VV^{\mathrm{T}}\}=R=[D(v_v,v_v)]=[R] \tag{6-37}$$

可以看出，Q 与 R 矩阵为对角矩阵，每个对角线元素代表了对应状态变量噪声的协方差，以此来衡量系统噪声与测量噪声。$W(k)$ 和 $V(k)$ 设定为不相关矩阵。通常，将 $W(k)$ 和 $V(k)$ 都设定为零均值白噪声，即

$$\begin{cases} E\{W(k)\}=0 \\ E\{V(k)\}=0 \end{cases}$$

式中　$E\{\}$——数学期望。

KF 的计算过程分为预测和校正两个环节。在预测环节，k 时刻的状态变量估计值 $x(k)$ 结合系统状态方程计算产生 k+1 时刻的状态预测值 $\hat{x}(k+1)$，这是一种递推的计算方式，即状态变量预测值 $\hat{x}(k)$ 是经过 1，2，…，k 次估计而在第 k 次取得的结果，即每次递推计算都不是重新计算，而是在现有信息的基础上进行计算。考虑到系统噪声 W 为零均值，因此将式（6-34）简化为

$$\hat{\boldsymbol{x}}(k+1)=\boldsymbol{A}'\hat{\boldsymbol{x}}(k)+\boldsymbol{B}'\boldsymbol{u}(k) \tag{6-38}$$

由式（6-38）可以看出，如果 KF 在递推计算过程中每一步都是准确的，那么估计误差 $\boldsymbol{e}=(\boldsymbol{y}-\hat{\boldsymbol{y}})\equiv 0$，那么由式（6-38）便可以计算得到准确的估计结果，然而实际情况肯定没有这么理想。

在每一次递推计算的周期内，估计误差 $\boldsymbol{e}$ 肯定存在，利用其对估计值进行校正，使得估计能够按期望的趋势进行下去，即估计误差 $\boldsymbol{e}$ 越来越小。

具体而言，KF 的计算过程分为状态预测和状态校正两个阶段：

（1）第一阶段：利用第 k 次的状态估计结果 $\hat{\boldsymbol{x}}(k)$ 来计算 $k+1$ 次的状态预测值 $\tilde{\boldsymbol{x}}(k+1)$，符号“~”表示预测值，即还没有经过校正环节的状态预测变量，可由下式计算

$$\tilde{\boldsymbol{x}}(k+1)=\boldsymbol{A}'\hat{\boldsymbol{x}}(k)+\boldsymbol{B}'\boldsymbol{u}(k) \tag{6-39}$$

对应此状态变量预测值的状态输出 $\tilde{\boldsymbol{y}}(k+1)$ 为

$$\tilde{\boldsymbol{y}}(k+1)=\boldsymbol{C}'\tilde{\boldsymbol{x}}(k+1) \tag{6-40}$$

同样，由于 $\boldsymbol{V}$ 为零均值白噪声，因此没有具体表示在上式中。

完成了状态变量的预测部分计算后，校正环节可以有如下表示：

$$\hat{\boldsymbol{x}}(k+1)=\boldsymbol{A}'\hat{\boldsymbol{x}}(k)+\boldsymbol{B}'\boldsymbol{u}(k)+\boldsymbol{K}(k+1)[\boldsymbol{y}(k+1)-\tilde{\boldsymbol{y}}(k+1)] \tag{6-41}$$

将式（6-39）和式（6-40）代入式（6-41）中，可以得到

$$\hat{\boldsymbol{x}}(k+1)=\tilde{\boldsymbol{x}}(k+1)+\boldsymbol{K}(k+1)[\boldsymbol{y}(k+1)-\boldsymbol{C}'\tilde{\boldsymbol{x}}(k+1)] \tag{6-42}$$

式中　$\boldsymbol{y}(k+1)$——实际测量值，即电机速度在 $(k+1)T_s$ 时刻的测量值。

（2）第二阶段：即校正阶段体现在式（6-42）上，利用状态变量的测量值和预测值的偏差结合卡尔曼增益 $\boldsymbol{K}$ 来对状态变量预测值 $\tilde{\boldsymbol{x}}(k+1)$ 进行校正，以得到更为准确的状态变量估计值 $\hat{\boldsymbol{x}}(k+1)$。这一阶段便是 KF 的核心所在，能否取得良好的估计效果，取决于增益矩阵 $\boldsymbol{K}$ 的计算。

KF 对 $\boldsymbol{K}$ 的计算原则是使得 $[\boldsymbol{x}(k+1)-\hat{\boldsymbol{x}}(k+1)]$ 的均方差矩阵取得极小值，令

$$J=E\{[\boldsymbol{x}(k+1)-\hat{\boldsymbol{x}}(k+1)]^{\mathrm{T}}[\boldsymbol{x}(k+1)-\hat{\boldsymbol{x}}(k+1)]\} \tag{6-43}$$

显然，要使 J 取得极小值，才能使 $\boldsymbol{x}(k+1)$ 为准确值，式中的 $[\boldsymbol{x}(k+1)-\hat{\boldsymbol{x}}(k+1)]$ 为估计误差。增益矩阵 $\boldsymbol{K}(k+1)$ 的计算原则就是使 J 取得极小值。通常，$\boldsymbol{K}(k+1)$ 的计算是由过程协方差矩阵 $\boldsymbol{P}(k+1)$ 来实现的，因此要是 J 取得最小值等价为使 $\boldsymbol{P}(k+1)$ 取得最小值，$\boldsymbol{P}(k+1)$ 可写为

$$\boldsymbol{P}(k+1)=[\boldsymbol{x}(k+1)-\hat{\boldsymbol{x}}(k+1)][\boldsymbol{x}(k+1)-\hat{\boldsymbol{x}}(k+1)]^{\mathrm{T}} \tag{6-44}$$

将式（6-42）代入式（6-44）可求得过程协方差矩阵 $\boldsymbol{P}(k+1)$，令 $\boldsymbol{P}(k+1)$ 对 $\boldsymbol{K}(k+1)$ 的导数为零，则可求得 $\boldsymbol{K}(k+1)$。此时，$\boldsymbol{K}(k+1)$ 便使得 $\boldsymbol{P}(k+1)$ 取得极小值。

根据以上分析，可以得到 KF 的递推公式如下：

$$\tilde{\boldsymbol{x}}(k+1)=\boldsymbol{A}'\hat{\boldsymbol{x}}(k)+\boldsymbol{B}'\boldsymbol{u}(k) \tag{6-45}$$

$$\tilde{\boldsymbol{P}}(k+1)=\boldsymbol{A}'\hat{\boldsymbol{P}}(k)\boldsymbol{A}'^{\mathrm{T}}+\boldsymbol{Q} \tag{6-46}$$

$$\boldsymbol{K}(k+1)=\widetilde{\boldsymbol{P}}(k+1)\boldsymbol{C}'^{\mathrm{T}}(k+1)[\boldsymbol{C}'\widetilde{\boldsymbol{P}}(k+1)\boldsymbol{C}'^{\mathrm{T}}+\boldsymbol{R}]^{-1} \tag{6-47}$$

$$\widetilde{\boldsymbol{y}}(k+1)=\boldsymbol{C}'\widetilde{\boldsymbol{x}}(k+1) \tag{6-48}$$

$$\hat{\boldsymbol{x}}(k+1)=\widetilde{\boldsymbol{x}}(k+1)+\boldsymbol{K}(k+1)[\boldsymbol{y}(k+1)-\widetilde{\boldsymbol{y}}(k+1)] \tag{6-49}$$

$$\hat{\boldsymbol{P}}(k+1)=\widetilde{\boldsymbol{P}}(k+1)-\boldsymbol{K}(k+1)\boldsymbol{C}'\widetilde{\boldsymbol{P}}(k+1) \tag{6-50}$$

根据以上建立的 KF 具体递推公式，对其计算过程进行分析。

1. 状态预测

将上述建立的 PMSLM 扩张状态动力学方程代入状态预测公式（6-45）中，可以得到

$$\widetilde{\boldsymbol{x}}(k+1)=\boldsymbol{A}'\hat{\boldsymbol{x}}(k)+\boldsymbol{B}'\boldsymbol{u}(k)=\begin{bmatrix}\hat{x}(k)+T_{\mathrm{s}}\hat{v}(k)+\dfrac{T_{\mathrm{s}}^{2}}{2M}[K_{\mathrm{f}}i_{\mathrm{q}}(k)-\hat{F}_{r}(k)]-\dfrac{T_{\mathrm{s}}^{3}}{6M}\hat{J}_{r}(k)\\ \hat{v}(k)+\dfrac{T_{\mathrm{s}}}{M}[K_{\mathrm{f}}i_{\mathrm{q}}(k)-\hat{F}_{r}(k)]-\dfrac{T_{\mathrm{s}}^{2}}{2M}\hat{J}_{r}(k)\\ \hat{F}_{r}(k)-\dfrac{T_{\mathrm{s}}}{M}\hat{J}_{r}(k)\\ \hat{J}_{r}(k)\end{bmatrix} \tag{6-51}$$

式中　$\hat{x}(k)$、$\hat{v}(k)$、$\hat{F}_{r}(k)$ 和 $\hat{J}_{r}(k)$——分别是第 k 次的状态变量估计值；

$i_{\mathrm{q}}(k)$——第 k 次的系统输入变量。

2. 过程协方差矩阵 $\widetilde{\boldsymbol{P}}(k+1)$ 计算

在计算卡尔曼增益矩阵 $\boldsymbol{K}(k+1)$ 时需要用到过程协方差矩阵 $\widetilde{\boldsymbol{P}}(k+1)$，因此在校正阶段之前需要先计算 $\widetilde{\boldsymbol{P}}(k+1)$。具体公式如式（6-46）所示，结合所建立的直线电机状态方程，$\widetilde{\boldsymbol{P}}(k+1)$ 的递推形式较复杂，在此不具体展示。

3. 卡尔曼增益矩阵 $\boldsymbol{K}(k+1)$ 计算

根据式（6-47）来计算 $\boldsymbol{K}(k+1)$，其中 $\boldsymbol{C}'$ 为观测向量，将其定义为 $\boldsymbol{C}'=[0\quad 1\quad 0\quad 0]^{\mathrm{T}}$。结合上一步计算得到的过程协方差矩阵 $\widetilde{\boldsymbol{P}}(k+1)$，可以将 $\boldsymbol{K}(k+1)$ 表示为

$$\boldsymbol{K}(k+1)=\begin{bmatrix}\dfrac{\widetilde{P}_{12}(k+1)}{\widetilde{P}_{22}(k+1)+R} & \dfrac{\widetilde{P}_{22}(k+1)}{\widetilde{P}_{22}(k+1)+R} & \dfrac{\widetilde{P}_{32}(k+1)}{\widetilde{P}_{22}(k+1)+R} & \dfrac{\widetilde{P}_{42}(k+1)}{\widetilde{P}_{22}(k+1)+R}\end{bmatrix}^{\mathrm{T}} \tag{6-52}$$

4. 状态变量估计

由式（6-49）可以完成对状态变量的估计，其中 $\boldsymbol{y}(k+1)$ 为状态变量的测量结果

$$\boldsymbol{y}(k+1)=[v(k+1)] \tag{6-53}$$

式中　$v(k+1)$——光栅尺测量位置信号再微分所得的电机速度。

$\widetilde{\boldsymbol{y}}(k+1)$ 是状态变量预测值的输出矩阵，如下式所示

$$\tilde{\boldsymbol{y}}(k+1)=\boldsymbol{C}'\tilde{\boldsymbol{x}}(k+1)=[\tilde{v}(k+1)] \tag{6-54}$$

至此，完成了由 $\hat{\boldsymbol{x}}(k)$ 到 $\hat{\boldsymbol{x}}(k+1)$ 的状态变量估计过程。

5. 误差协方差矩阵 $\hat{\boldsymbol{P}}(k+1)$ 的计算

在 KF 的一个递推周期的最后一步，需要对 $\boldsymbol{P}$ 矩阵进行更新，以供下一周期状态估计使用，具体如式（6-50）所示。可见，在完成了对 $\hat{\boldsymbol{x}}(k+1)$ 和 $\hat{\boldsymbol{P}}(k+1)$ 的计算后，可重复进行下一周期的状态变量估计。

以上便是利用建立的直线电机状态方程进行卡尔曼滤波器算法设计的过程。

6.4.2 参数设计及稳定性分析

KF 进行状态变量估计的核心是确定增益矩阵 $\boldsymbol{K}(k+1)$，由式（6-46）和式（6-47）可知，$\boldsymbol{K}(k+1)$ 决定于协方差矩阵 $\boldsymbol{R}$ 和 $\hat{\boldsymbol{P}}(k+1)$。而 $\hat{\boldsymbol{P}}(k+1)$ 的计算在状态变量预测阶段就已经完成，根据式（6-46）可以看出，其计算结果与系统噪声矩阵 $\boldsymbol{Q}$ 有关。$\boldsymbol{Q}$、$\boldsymbol{R}$ 和 $\boldsymbol{P}$ 的初始值设定对 KF 的估计性能影响很大，通常 $\boldsymbol{Q}$ 和 $\boldsymbol{R}$ 是未知的，只能根据系统和测量噪声的随机特性分析其设定的大致趋势。

在本书中，系统噪声矩阵 $\boldsymbol{Q}$ 为 4×4 矩阵，测量噪声矩阵 $\boldsymbol{R}$ 为 1×1 矩阵，可以视为一个数值，因此总共有 17 个矩阵元素需要确定。由于已设定噪声矢量 $\boldsymbol{W}$ 和 $\boldsymbol{V}$ 不相关，因此 $\boldsymbol{Q}$ 和 $\boldsymbol{R}$ 都是对角矩阵，需要确定的矩阵元素下降到 5 个。过程协方差矩阵 $\boldsymbol{P}$ 的初始值是 4×4 矩阵，由于是状态变量矢量的协方差矩阵，因此可将其视为是对角阵。

$\boldsymbol{Q}$ 和 $\boldsymbol{R}$ 矩阵的设定会影响到 KF 的状态变量估计效果。增加 $\boldsymbol{Q}$ 等同于增加了系统噪声，即增加了系统数学模型的不确定性，可以理解为系统模型的可信度较低。此时增益矩阵 $\boldsymbol{K}$ 的元素也就随之增加，表明增大了校正环节的作用，更依赖于状态变量的测量值对预测值的更新作用。同理，若增大 $\boldsymbol{R}$，则表明测量信号中的噪声较大，要减小校正环节的作用，即增益矩阵 $\boldsymbol{K}$ 的元素会随之减小。可见 $\boldsymbol{Q}$ 和 $\boldsymbol{R}$ 矩阵对系统估计性能起到动态平衡的作用，需根据具体运行环境进行具体调试。

在将观测器应用于控制系统之前，需要对其稳定性进行分析，以确保观测器应用的有效性。利用李雅普诺夫稳定性原理，对所设计的卡尔曼滤波器进行稳定性分析。

首先，设状态变量估计值的预测误差和校正误差分别为

$$\tilde{\boldsymbol{x}}(k+1 \mid k)=\boldsymbol{x}(k+1)-\hat{\boldsymbol{x}}(k+1 \mid k) \tag{6-55}$$

$$\tilde{\boldsymbol{x}}(k+1)=\boldsymbol{x}(k+1)-\hat{\boldsymbol{x}}(k+1) \tag{6-56}$$

李雅普诺夫函数 $\boldsymbol{V}(k)$ 设定为

$$\boldsymbol{V}(k+1)=\tilde{\boldsymbol{x}}^{\mathrm{T}}(k+1)\boldsymbol{P}^{-1}(k+1)\tilde{\boldsymbol{x}}(k+1) \tag{6-57}$$

根据李雅普诺夫稳定性原理，若 $\{\boldsymbol{V}(k)\}_{k=1,2,\cdots}$ 为一单调递减数列，则表明 $\boldsymbol{V}(k)$ 的导数为负，进而可证明所设计的观测器收敛。

由卡尔曼滤波器的算法设计过程可知

$$\boldsymbol{e}(k+1)=\boldsymbol{C}(k+1)\tilde{\boldsymbol{x}}(k+1 \mid k) \tag{6-58}$$

$$\tilde{\boldsymbol{x}}(k+1 \mid k+1)=\tilde{\boldsymbol{x}}(k+1 \mid k)-\boldsymbol{K}(k+1)\boldsymbol{e}(k+1) \tag{6-59}$$

$$\boldsymbol{P}(k+1 \mid k+1)\boldsymbol{C}^{\mathrm{T}}+\boldsymbol{P}(k+1 \mid k+1)\boldsymbol{P}^{-1}(k+1 \mid k)\boldsymbol{C}^{-1}(k+1)\boldsymbol{R}(k+1)$$
$$=\boldsymbol{C}^{-1}(k+1)\boldsymbol{R}(k+1) \tag{6-60}$$

$$\boldsymbol{P}(k+1 \mid k+1)[\boldsymbol{C}^{\mathrm{T}}(k+1)\boldsymbol{R}^{-1}(k+1)\boldsymbol{C}(k+1)+\boldsymbol{P}^{-1}(k+1 \mid k)]=\boldsymbol{I} \tag{6-61}$$

$$\boldsymbol{P}^{-1}(k+1 \mid k+1)=\boldsymbol{C}^{\mathrm{T}}(k+1)\boldsymbol{R}^{-1}(k+1)\boldsymbol{C}(k+1)+\boldsymbol{P}^{-1}(k+1 \mid k) \tag{6-62}$$

由式（6-59）~式（6-62）可得

$$\boldsymbol{I}-\boldsymbol{P}(k+1 \mid k+1)\boldsymbol{C}^{\mathrm{T}}(k+1)\boldsymbol{R}^{-1}(k+1)\boldsymbol{C}(k+1)=\boldsymbol{I}-\boldsymbol{K}(k+1)\boldsymbol{C}(k+1) \tag{6-63}$$

$$\boldsymbol{P}(k+1 \mid k+1)\boldsymbol{C}^{\mathrm{T}}(k+1)\boldsymbol{R}^{-1}(k+1)=\boldsymbol{P}(k+1|k)\boldsymbol{C}^{\mathrm{T}}(k+1)\cdot$$
$$[\boldsymbol{C}(k+1)\boldsymbol{P}(k+1 \mid k)\boldsymbol{C}^{\mathrm{T}}(k+1)+\boldsymbol{R}(k+1)]^{-1} \tag{6-64}$$

由式（6-57）和式（6-60）~式（6-64）得

$$\boldsymbol{V}(k+1)=[\hat{\boldsymbol{x}}(k+1 \mid k)-\boldsymbol{P}(k+1 \mid k+1)\boldsymbol{C}^{\mathrm{T}}(k+1)\boldsymbol{R}^{-1}(k+1)\boldsymbol{e}(k+1)]^{\mathrm{T}}\boldsymbol{P}^{-1}(k+1|k+1)\cdot$$
$$[\hat{\boldsymbol{x}}(k+1 \mid k)-\boldsymbol{P}(k+1 \mid k+1)\boldsymbol{C}^{\mathrm{T}}(k+1)\boldsymbol{R}^{-1}(k+1)\boldsymbol{e}(k+1)] \tag{6-65}$$

由式（6-60）~式（6-62）和式（6-65）可得

$$\begin{aligned}\boldsymbol{V}(k+1)=\ &\boldsymbol{V}(k+1 \mid k)+\hat{\boldsymbol{x}}^{\mathrm{T}}(k+1 \mid k)\boldsymbol{C}^{\mathrm{T}}\boldsymbol{R}^{-1}(k+1)\boldsymbol{C}(k+1)\hat{\boldsymbol{x}}(k+1 \mid k)-\\ &\hat{\boldsymbol{x}}^{\mathrm{T}}(k+1 \mid k)\boldsymbol{C}^{\mathrm{T}}(k+1)\boldsymbol{R}^{-1}(k+1)\boldsymbol{e}(k+1)+\\ &\boldsymbol{e}^{\mathrm{T}}(k+1)\boldsymbol{R}^{-1}(k+1)\boldsymbol{C}(k+1)\hat{\boldsymbol{x}}(k+1 \mid k)+\\ &\boldsymbol{e}^{\mathrm{T}}(k+1)\boldsymbol{R}^{-1}(k+1)\boldsymbol{C}(k+1)\boldsymbol{P}(k+1 \mid k+1)\boldsymbol{C}^{\mathrm{T}}(k+1)\boldsymbol{R}^{-1}(k+1)\boldsymbol{e}(k+1)\end{aligned} \tag{6-66}$$

并且还有

$$\boldsymbol{V}(k+1 \mid k)=\hat{\boldsymbol{x}}^{\mathrm{T}}(k+1|k)\boldsymbol{P}^{-1}(k+1 \mid k)\hat{\boldsymbol{x}}(k+1 \mid k) \tag{6-67}$$

结合式（6-58）和式（6-59），可以将式（6-67）改写为

$$\begin{aligned}\boldsymbol{V}(k+1)=\ &\boldsymbol{V}(k+1 \mid k)+\\ &\boldsymbol{e}^{\mathrm{T}}(k+1)[\boldsymbol{R}^{-1}(k+1)\boldsymbol{C}(k+1)\boldsymbol{P}(k+1 \mid k+1)\boldsymbol{C}^{\mathrm{T}}(k+1)\boldsymbol{R}^{-1}(k+1)]\boldsymbol{e}(k+1)\end{aligned} \tag{6-68}$$

此外还有

$$\boldsymbol{V}(k+1 \mid k)=\hat{\boldsymbol{x}}^{\mathrm{T}}(k \mid k)\boldsymbol{A}^{\mathrm{T}}(k)[\boldsymbol{A}(k)\boldsymbol{P}(k \mid k)\boldsymbol{A}^{\mathrm{T}}(k)]^{-1}\boldsymbol{A}(k) \tag{6-69}$$

对式（6-68）和式（6-69）即前后两个时刻的李雅普诺夫函数进行做差处理，可得

$$\boldsymbol{V}(k+1)-\boldsymbol{V}(k)=\boldsymbol{V}(k+1)-\boldsymbol{V}(k+1 \mid k)+\boldsymbol{V}(k+1 \mid k)-\boldsymbol{V}(k)\leqslant 0 \tag{6-70}$$

可以看出，随着时间的推移，李雅普诺夫函数 $\boldsymbol{V}(k)$ 呈现递减趋势，证明了系统具有收敛性。

6.4.3　仿真分析

从龙伯格观测器观测推力波动的仿真结果可以看出，观测性能十分有限，根据卡尔曼滤波器理论，设计变增益状态观测器即卡尔曼滤波器，仿真分析其对推力波动的观测和补偿性能。

卡尔曼滤波器应用的一个重要环节便是参数设计，经过分析和仿真过程中的在线调试，将系统噪声和测量噪声协方差矩阵分别设定为 $\boldsymbol{Q}=\mathrm{diag}[0.1\quad 0.1\quad 0.1\quad 10^{12}]$，$\boldsymbol{R}=[0.1]$。

可见，由于电机位置 x、速度 v、推力波动 F_r 的数学模型均为准确模型，因此其可信度高，校正环节的比重需降低，因此将 $Q_1 \sim Q_3$ 设定为一个较小的数值。而推力波动变化率视

为一个缓慢变化的状态变量，数学模型可信度不高，因此 Q_4 设定为一个相对较大的数值。测量变量只有 v，因此测量噪声矩阵 $\boldsymbol{R}$ 为 1×1 矩阵，测量信号由电机模型直接生成，可信度高，因此 R 也设定为一个较小的数值。

与龙伯格观测器中仿真模型相同，得到的推力波动变化率和推力波动的结果分别如图 6-21和图 6-22 所示。可以看出，相比龙伯格状态观测器，所设计的 KF 能够在测量信号具有明显噪声的情况下对状态变量实现精确估计。观测误差如图 6-23 所示，相比于设定值，误差幅值为约±0. 1N，仅为设定值幅值的 1%。

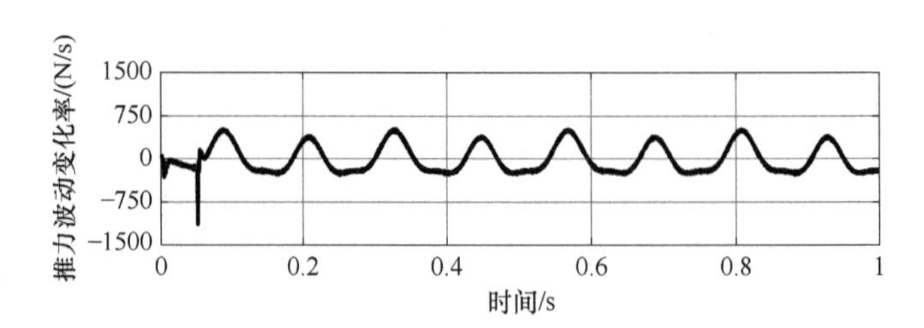

图 6-21　推力波动变化率观测结果

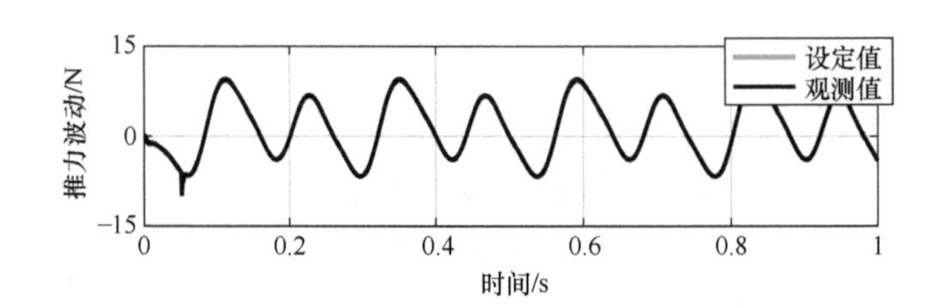

图 6-22　推力波动观测结果（KF）

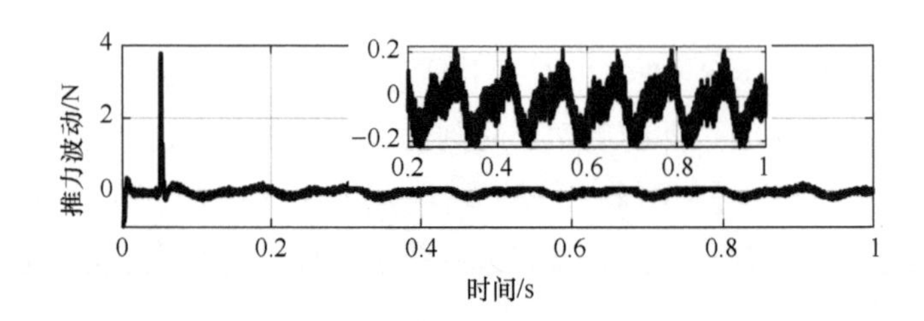

图 6-23　推力波动观测误差（KF）

卡尔曼增益 $\boldsymbol{K}$ 的计算是影响观测器收敛性能的重要环节，利用测量得到的准确信息结合由数学模型预测得到的次准确信息，推算出更为准确的估计值，是观测器算法的核心思想。$\boldsymbol{K}$ 中起到校正作用的为 4 个对角线元素，分别记为 $K_i(i=1,2,3,4)$，对应 x，v，F_r 和 J_r，其变化趋势如图 6-24 所示。可见，与理论分析对应，系统数学模型可信度越低，增益矩阵 $\boldsymbol{K}$ 对应的增益变量便越大，即估计值的计算更依赖于校正环节。各增益分量均在 0. 01～0. 02s 的时间范围内，即电机起动阶段便能够计算完成，对于实际电机系统具有使用价值。

将图 6-20 所示的推力波动观测结果计算为等效电流前馈到电流环指令 i_q^* 中，得到的速度波形如图 6-25 所示。对比图 6-13 即补偿前的速度波形可以看出，由推力波动所引起的速

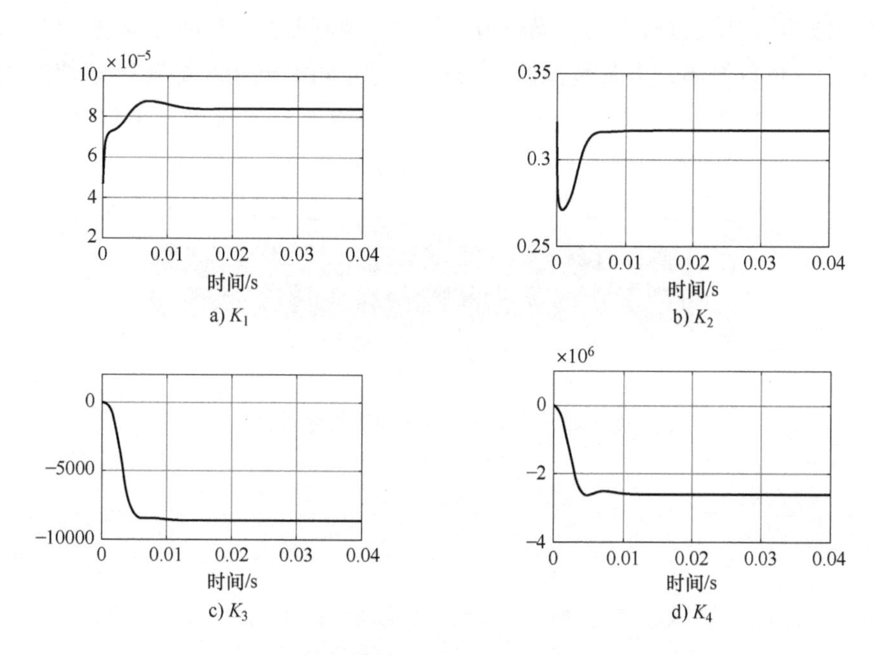

图 6-24　卡尔曼增益分量 K_i($i=1,2,3,4$) 变化趋势

度波动得到了明显的抑制，波动幅值下降到约 0.02mm/s，约为补偿前的 1/5，显著提高了直线电机的运行精度。对比图 6-18 可以看出，所设计的变增益的卡尔曼滤波器具有比龙伯格观测器更好的滤波效果，减小了系统噪声和测量噪声的影响。图 6-26 为补偿后的 q 轴电流波形，具有与图 6-14 类似的结果，经过电流补偿后，q 轴电流指令 i_q^* 变得平缓。

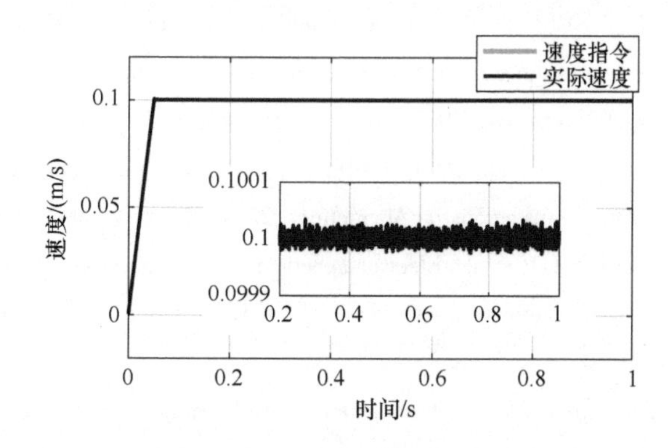

图 6-25　补偿后的速度波形（KF）

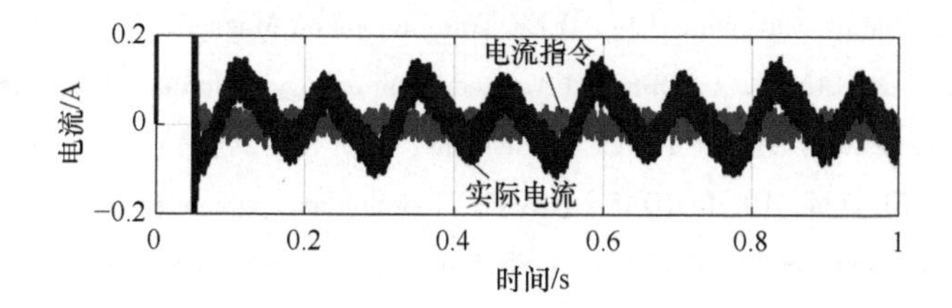

图 6-26　补偿后的 q 轴电流波形（KF）

为了对比分析卡尔曼滤波器的降噪能力，将两种观测器补偿后的q轴电流指令共同绘图如图6-27所示，可以看出，卡尔曼滤波器补偿后的q轴电流指令的噪声幅值约为0.08A，而龙伯格观测器补偿后的q轴电流指令的噪声幅值约为0.1A。证明了卡尔曼滤波器在系统和测量信号具有明显噪声的情况下，仍能得到准确的推力波动观测结果。

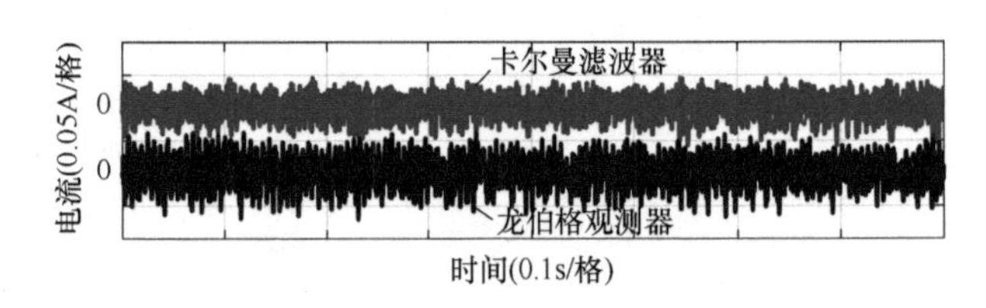

图6-27　补偿后的q轴电流指令对比

参考文献

[1] 郭庆鼎，王成元，周美文，等. 直线交流伺服控制系统的精密控制［M］. 北京：机械工业出版社，2000：8-10.

[2] BASCETTA L, ROCCO P, MAGNANI G. Force ripple compensation in linear motors based on closed-loop position dependent identification［J］. IEEE/ASME Transactions on Mechatronics. 2010, 15 (3): 349-359.

[3] 张颖. 永磁直线同步电机磁阻力分析及控制策略研究［D］. 武汉：华中科技大学，2008：3-5.

[4] 程远雄. 永磁直线同步电机推力波动的优化设计研究［D］. 武汉：华中科技大学，2010：2.

[5] WU L J, ZHU Z Q, STATON D A, et al. Comparison of analytical models of cogging torque in surface-mounted PM machines［J］. IEEE Transactions on Industrial Electronics, 2012. 59 (6): 2414-2425.

[6] SATO K. Thrust ripple reduction in ultrahigh-acceleration moving permanent magnet linear synchronous motor［J］. IEEE Transactions on Magnetics, 2012, 48 (12): 4866-4873.

[7] LEE S G, KIM S A, SAHA S, et al. Optimal structure design for minimizing detent force of PMLSM for a ropeless elevator［J］. IEEE Transactions on Magnetics, 2014, 50 (1): 1-4.

[8] KIM S A, ZHU Y W, LEE S G, et al. Electromagnetic normal force characteristics of a permanent magnet linear synchronous motor with double primary side［J］. IEEE Transactions on Magnetics, 2014, 50 (1): 1-4.

[9] INOUE M, SATO K. An approach to a suitable stator length for minimizing the detent force of permanent magnet linear synchronous motors［J］. IEEE Transactions on Magnetics, 2000, 36 (4): 1890-1893.

[10] LIU C Y, YU H T, HU M Q, et al. Detent force reduction in permanent magnet tubular linear generator for direct-driver wave energy conversion［J］. IEEE Transactions on Magnetics, 2013, 49 (5): 1913-1916.

[11] BIANCHI N, BOLOGNANI S, CAPPELLO A. Reduction of cogging force in PM linear motors by pole-shifting［J］. IEE Proceedings-Electric Power Applications, 2005, 152 (3): 703-709.

[12] SIZOV G Y, IONEL D M, DEMERDASH N A O. Modeling and parametric design of permanent-magnet AC machines using computationally efficient finite-element analysis［J］. IEEE Transactions on Industrial Electronics. 2012, 59 (6): 2403-2413.

[13] JUNG I S, HUR J, HYUN D S. Performance analysis of skewed PM linear synchronous motor according to

various design parameters [J]. IEEE Transactions on Magnetics, 2001, 37 (5): 3653-3657.

[14] FEI W, ZHU Z Q. Comparison of cogging torque reduction in permanent magnet brushless machines by conventional and herringbone skewing techniques [J]. IEEE Transactions on Energy Conversion, 2013, 28 (3): 664-674.

[15] TONG C D, ZHENG P, WU Q, et al. A brushless claw-pole double-rotor machine for power-split hybrid electric vehicles [J]. IEEE Transactions on Industrial Electronics. 2014, 61 (8): 4295-4305.

[16] ZHAO W L, LIPO T A, KWON B I. Material-efficient permanent magnet shape for torque pulsation minimization in SPM motors for automotive applications [J]. IEEE Transactions on Industrial Electronics. 2014, 61 (10): 5779-5787.

[17] 蔡炯炯，卢琴芬，刘晓，等. PMLSM推力波动抑制分段斜极方法研究 [J]. 浙江大学学报（工学版），2012，46（6）：1122-1128.

[18] BARCARO M, BIANCHI N, MAGNUSSEN F. Remarks on torque estimation accuracy in fractional-slot permanent-magnet motors [J]. IEEE Transactions on Industrial Electronics. 2012, 59 (6): 2565-2572.

[19] 卢琴芬，程传莹，叶云岳，等. 每极分数槽永磁直线电机的槽极数配合研究 [J]. 中国电机工程学报，2012，32（36）：68-74.

[20] CUI J F, WANG C Y, FENG G H. Force analysis of short pitch permanent magnet linear servo motor [C]. Power Electronics and Drive Systems Conference, Singapore, 2003: 1596-1598.

[21] TAM M S W, CHEUNG N C. A robust fully-digital drive for linear permanent magnet synchronous motor [C]. Power Electronics Systems and Applications Conference, Hongkong, China, 2004: 188-193.

[22] ZHU Z Q, HOWE D. Influence of design parameters on cogging torque in permanent magnet machines [J]. IEEE Transactions on Energy Conversion, 2000, 15 (4): 407-412.

[23] 徐月同，傅建中，陈子辰. 永磁直线同步电机推力波动优化及实验研究 [J]. 中国电机工程学报，2012，25（12）：122-127.

[24] 王昊，张之敬，刘成颖. 永磁直线同步电机定位力分析与实验研究 [J]. 中国电机工程学报，2010，30（15）：58-63.

[25] ZHU Y W, KOO D H, CHO Y H. Detent force minimization of permanent magnet linear synchronous motor by means of two different methods [J]. IEEE Transactions on Magnetics, 2008, 44 (11): 4345-4348.

[26] ZHU Y W, LEE S G, KOO D H, et al. Investigation of auxiliary poles design criteria on reduction of end effect of detent force for PMLSM [J]. IEEE Transactions on Magnetics, 2009, 45 (6): 2863-2866.

[27] FERRETTI G, MAGNANI G, ROCCO P. Modeling, identification, and compensation of pulsating torque in permanent magnet AC motors [J]. IEEE Transactions on Industrial Electronics, 1998, 45 (6): 912-920.

[28] BASCETTA L, MAGNANI G, ROCCO P. Force ripple compensation in linear motors with application to a parallel kinematic machine [C]. 2007 IEEE/ASME international conference on advanced intelligent mechatronics, 2007: 1-6.

[29] ROHRIG C, JOCHHEIM A. Identification and compensation of force ripple in linear permanent magnet motors [C]. Proceedings of the 2001 American Control Conference, 2001, 3: 2161-2166.

[30] CHEN S, TAN K K, HUANG S, et al. Modeling and compensation of ripples and friction in permanent-magnet linear motor using a hysteretic relay [J]. IEEE/ASME Transactions on Mechatronics, 2010, 15

(4): 586-594.

[31] ZHU Y, KOO D, CHO Y. Detent force minimization of permanent magnet linear synchronous motor by means of two different methods [J]. IEEE Transactions on Magnetics, 2008, 44 (11): 4345-4348.

[32] ZHU Y, CHO Y. Thrust ripples suppression of permanent magnet linear synchronous motor [J]. IEEE Transactions on Magnetics, 2007, 43 (6): 2537-2539.

[33] ZHU Y, JIN S, CHUNG K, et al. Control-based reduction of detent force for permanent magnet linear synchronous motor [J]. IEEE Transactions on Magnetics, 2009, 45 (6): 2827-2830.

[34] ZHENG J, WANG H, MAN Z, et al. Robust motion control of a linear motor positioner using fast nonsingular terminal sliding mode [J]. IEEE/ASME Transactions on Mechatronics, 2015, 20 (4): 1743-1752.

[35] ZHENG J, WANG H, MAN Z, et al. Robust motion control of a linear motor positioner using fast nonsingular terminal sliding mode [J]. IEEE/ASME Transactions on Mechatronics, 2015, 20 (4): 1743-1752.

[36] KIM J, CHO K, CHOI S. Lumped disturbance compensation using extended Kalman filter for permanent magnet linear motor system [J]. International Journal of Control Automation and Systems, 2016, 14 (5): 1244-1253.

[37] HWANG T, SEOK J. Observer-based ripple force compensation for linear hybrid stepping motor drives [J]. IEEE Transactions on Industrial Electronics, 2007, 54 (5): 2417-2424.